中国规模化奶牛场关键生产性能现状

（2021版）

董晓霞　马志愤　路永强　郭江鹏　主编

U0306648

《中国乳业》杂志社

一牧云 YIMUCloud

奶牛产业技术体系北京市创新团队

中国农业科学院北京畜牧兽医研究所

兰州大学草业系统分析与社会发展研究所

联合发布

中国农业科学技术出版社

图书在版编目（CIP）数据

中国规模化奶牛场关键生产性能现状：2021版 / 董晓霞等主编. --北京：中国农业科学技术出版社，2021. 9

ISBN 978-7-5116-5448-9

Ⅰ.①中⋯　Ⅱ.①董⋯　Ⅲ.①乳牛场—生产管理—研究　Ⅳ.①S823.9

中国版本图书馆 CIP 数据核字（2021）第 159786 号

·法律声明·

责任编辑　李冠桥
责任校对　李向荣
责任印制　姜义伟　王思文

出 版 者　中国农业科学技术出版社
　　　　　北京市中关村南大街12号　　邮编：100081
电　　话　（010）82109705（编辑室）　（010）82109702（发行部）
　　　　　（010）82109709（读者服务部）
传　　真　（010）82106625
网　　址　http://www.castp.cn
经 销 者　各地新华书店
印 刷 者　北京地大彩印有限公司
开　　本　170 mm×240 mm　1/16
印　　张　10.25
字　　数　100千字
版　　次　2021年9月第1版　2021年9月第1次印刷
定　　价　98.00元

《中国规模化奶牛场关键生产性能现状（2021版）》

———— 编 委 会 ————

◆ 名誉顾问

任继周　中国工程院　院士
　　　　兰州大学草地农业科技学院　教授

◆ 顾问（按姓氏笔画排序）

马志超　甘肃前进牧业科技有限责任公司　执行董事
王先胜　中垦乳业股份有限公司牧场事业部　总经理
毛华明　云南农业大学动物科学技术学院　教授
毛胜勇　南京农业大学动物科学技术学院　教授/院长
田冰川　国科现代农业产业科技创新研究院　院长
宁晓波　宁夏农垦集团有限公司　副总经理
朱化彬　中国农业科学院北京畜牧兽医研究所　研究员
李胜利　中国农业大学　教授
　　　　国家奶牛产业技术体系　首席科学家
李锡智　云南海牧牧业有限公司　总经理
杨　库　新加坡澳亚集团投资控股有限公司　首席运营官
杨红杰　全国畜牧总站统计信息处　处长
张永根　东北农业大学　教授
　　　　黑龙江省奶牛协同创新与推广体系　首席科学家
张利宇　全国畜牧总站统计信息处　副处长

张学炜　天津农学院　教授

林慧龙　兰州大学草业系统分析与社会发展研究所　教授／所长

岳奎忠　东北农业大学健康养殖研究院反刍动物研究所　研究员／所长

封　元　宁夏回族自治区畜牧工作站　高级畜牧师

段鑫磊　宁夏农垦贺兰山奶业有限公司　董事长

董长军　甘肃农垦天牧乳业有限公司　董事长

韩春林　现代牧业（集团）有限公司　副总裁

◆ **主编**

董晓霞　《中国乳业》杂志社　社长

马志愤　一牧科技（北京）有限公司　首席执行官（CEO）
　　　　中国农业科学院北京畜牧兽医研究所　博士后

路永强　奶牛产业技术体系北京市创新团队　首席专家

郭江鹏　奶牛产业技术体系北京市创新团队首席办　主任

◆ **副主编**

董　飞　一牧科技（北京）有限公司　首席技术官（CTO）

祝文琪　《中国乳业》编辑部　主任

徐　伟　一牧科技（北京）有限公司　数据分析师

王　晶　《中国乳业》新媒体部　总监

◆ **编写人员**（按姓氏笔画排序）

马 飞	马志愤	马宝西	王 俊	王 晶	王兴文	王礞礞	龙 燕
田 园	田 瑜	付 瑶	付士龙	任 康	刘海涛	齐志国	安添午
芦海强	李 冉	李 琦	李纯锦	杨宇泽	杨奉珠	何 杰	邹德武
汪 毅	汪春泉	张 超	张国宁	张宝锋	张建伟	张瑞梅	罗清华
周奎良	赵志成	赵善江	胡海萍	姜兴刚	祝文琪	胥 刚	聂长青
徐 伟	高 然	郭江鹏	郭勇庆	彭 华	董 飞	董晓霞	韩 萌
路永强	蔡 丽						

序　言

　　奶牛是草地农业第二生产层中的"栋梁"，它利用饲草转化为人类所需动物源性食物的效率居各类草食动物之首，质高、量大，经济效益高。奶牛产业是带动现代草地农业发展的主要动力源泉之一。缺乏奶牛的现代化农业是不可想象的。

　　牛奶及奶制品以其营养全价，品味丰美以及供应普遍，为人类健康做出了不可替代的贡献。缺乏牛奶和奶制品的现代化社会也是不可想象的。上面这两句话，我强调了奶牛和牛奶的重要性。但我说这些话的目的远不止于此。我想说的是奶牛通过对草地的高效利用，支撑了一个从远古农业到今天的现代化农业。牛奶通过它的高营养价值供应了人类从远古到今天现代化的食物类群。奶牛和牛奶将自然资源与社会发展综合为人类历史发展的"擎天巨柱"。

　　20世纪80年代，我国牛奶的消费量仅与白酒相当，约700万吨，说来令人羞愧，这是可怜的原始农业状态。改革开放以后，随着国人食物结构的自发调整，牛奶的需求量猛增，而产量因多种原因徘徊不前，曾给世界奶业市场造成巨大压力，甚至发生扰动。至今我国牛奶人均消费量仍只有日本和韩国的1/3，约为欧美人均消费量的1/5，今后随着人民生活水平的不断提高和城镇化持续发展，我国牛奶的消费量与产量之间的差距势必不断增大。

　　尽管近年来我国奶业工作者通过不懈努力取得了巨大进展和成果，但总体来看与欧美等奶业先进国家相比还有差距。这个差距，不妨说就是我国农业与国际现代农业差距的"形象大使"。

　　我国奶业现状如何？差距何在？一牧云科技团队携相关组

织、单位多年来从现代草地农业的信息维出发，利用互联网、云计算、物联网、大数据和人工智能等新兴技术构建草地农业智库系统，通过该智力平台帮助牧场实现信息化升级，及时发现问题，提出优化建议，核心在于提升牧场可持续盈利能力和国际竞争力，为牧场的科学管理和发展做出了新贡献，将我国规模化牧场的数字化管理提高到世界水平。此书就是体现我国现代化牧场数字化管理的试水之作。此书的出版是我国数字科技推动奶业发展的过程和成果，对规模化牧场经营管理具有重要的参考意义。

这本书的出版不仅反映了牧场信息化科技成果的时代烙印，更重要的是让我们了解中国规模化牧场生产现状，通过全行业坚持不懈的努力，将有助于改善我国农业结构和保障我国食品安全，为我国人民健康水平的提高提供实实在在的帮助。

书成，邀我作序，我欣然命笔。

任继周于涵虚草舍

2020年仲秋

前　言

　　近年来，物联网、大数据、区块链、人工智能等现代信息技术在农业领域的应用，颠覆了传统农业产业的诸多生产方式和生产流程，推动了农业全产业链的改造升级。"十四五"时期是推进农业农村数字化的重要战略机遇期，国家高度重视用数字化引领驱动农业农村现代化、用数字农业为乡村全面振兴提供有力支撑。数字政府建设已经成为推进国家治理现代化的重要途径，即运用现代信息技术，在经济社会的各个领域，广泛获取数据、科学处理数据、充分利用数据，优化政府治理，逐步形成"用数据说话、用数据决策、用数据服务、用数据创新"的现代治理模式。

　　目前，信息技术和畜牧产业同步发展，数字养殖逐渐盛行，信息化、自动化、智能化管理已成为我国规模畜禽养殖的发展趋势，物联网技术、人工智能技术以及大数据平台应用潜移默化地帮助了现代畜禽养殖产业更新换代，信息化背景下的数据管理模式在保障畜产品数量安全、质量安全方面的作用日益凸显，同时畜禽养殖智能化建设对生产数据、健康数据、档案数据等进行智能化监管，这对提高牧场经济效益有着重要指导意义。2021年中央一号文件提出，发展智慧农业，建立农业农村大数据体系，推动新一代信息技术与农业生产经营深度融合。

　　奶业是农业现代化的标志性产业，是一、二、三产业协调发展的战略产业，规模化养殖是中国奶业发展的必然趋势，奶业的持续健康发展需要互联网和大数据的支持。进入移动互联和未来智能时代，牧场经营者解决发展过程中遇到的瓶颈问题，必须要学会拥抱互联科技和大数据技术，积极培育用"互联网+"思维武装的人才队伍，培养具备现代信息理念、掌握现代信息技术的高素质养牛人。实现牧场管理用数据说话，让数字产生经济效益。

　　本书基于上述背景形势开展牧场数据管理研究，一牧云（YIMUCloud）、奶牛产业技术体系北京市创新团队、《中国乳业》杂志社和兰州大学草业系统分析与社会发展研究所自2020年起基于一牧云当前服务的分布在我国21个省（自治区、直辖市）310家奶牛场803 975头奶牛的实际生产数据，对成母牛关键繁殖性能、关键健康生产性能、关键产奶生产性能开展了系统分析，同时对后备牛关键繁育性能、后备牛关键生产性能以及典型案例进行了详细分析，全书40多个生产性能关键指标和3个典型案例，每年发布一版《中国规模化奶牛场关键生产性能现状》供奶牛养殖者、奶业科研人员、行业主管部门及其他相关人士参考，谨望能以此为中国奶业可持续发展贡献绵薄之力。

　　规模化奶牛场关键生产性能是一个复杂的命题，本书虽经反复推敲、修订，但是书中疏漏和不妥之处在所难免，诚恳希望同行和读者批评指正，以便今后在新版中进行更正和改善。

《中国规模化奶牛场关键生产性能现状》编委会

2021年5月

目 录

图表目录

第一章 绪 论

第一节 规模化是畜禽养殖的必然趋势

近年来，我国畜牧业取得长足发展，肉类、禽蛋产量连续多年稳居世界第一，畜牧业发展对于保障农产品供给、促进农民增收做出了重要贡献。进入全面小康社会和第二个百年发展新阶段，实现农业现代化发展，实施乡村振兴战略行动，对畜牧业各方面都提出了更高的要求，促使畜禽养殖业向专业化、区域化、规模化和集约化方向发展，尤其畜禽养殖规模化是政策推动、市场调节、结构调整、绿色发展的必然结果。在各级政府生猪、奶牛等畜禽规模化养殖扶持政策推动下，2020年生猪和奶牛的规模化比例分别达到了56.8%和67%。2021年中央一号文件进一步提出要继续引导农业适度规模经营发展，走标准化规模养殖道路。

2020年以来，新冠肺炎疫情、中美贸易摩擦、中东战乱等严重影响国际贸易的发展，饲草料贸易受限使得畜禽养殖成本快速提高，2021年3月公斤奶成本（1公斤=1千克）、每头猪成本、每只鸡成本分别同比增长15.9%、21.2%、28.1%，而大部分畜禽产品价格上涨速度远低于成本的增幅，从而对畜禽养殖带来了巨大挑战，养殖场要尽可能降低养殖成本，不断优化养殖技术、管理模式，发挥规模经济效应，提升竞争力，规模化养殖比例在此阶段也迅速增加，近五年生猪和奶牛的规模化比例分别提高了31.2%和38.7%，行业结构逐渐优化，产品质量不断提升，产量不断增加，满足了消费者的生活需要。

规模化养殖不是最终目的，是集约化的前提和载体，是将先进的饲养技术集成和标准化，达到增产、提质、节本、增效的目的，规模化是推进科学养殖的一种机制。规模化条件下，种养循环模式不断成熟，大大缓解了畜禽养殖带来的环境污染，减少了碳排放，贯彻落实了新发展理念的总体要求，践行绿色发展。实践证明，畜禽养殖规模化是提高行业竞争力、适应经济发展要求、满足人民对美好生活需要的最佳选择，发展规模化养殖已经成为当前市场环境下的必然趋势，是我国畜牧业现代化发展的必由之路。

第二节　我国奶业规模化养殖快速提升

2008年"三聚氰胺"事件，为推进奶牛规模化养殖提供了新的契机，中国奶业进入转型发展的新阶段，养殖模式、区域结构、利益关联机制等不断优化，科学养殖水平进一步提高。在中央及地方政府不断出台扶持政策的推动下，我国奶牛规模化比例从2008年的19.50%，增至2020年的67%，提升了47.5个百分点（图1-1），规模化的快速发展，大大提高了生产效率和生产水平，提升了奶牛养殖场的经营效益，从源头对产品质量安全进行控制，提升了乳制品安全水平，有效利用规模牧场集约化、专业化和科学化的优势，增强牧场疫病防控能力，降低了疫病风险，确保人畜安全，同时，规模化牧场能够将粪污集中处理和资源化利用，实现畜牧业与环境的协调发展。

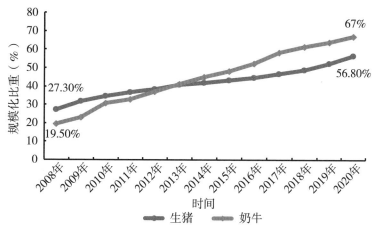

图1-1　2008—2020年我国生猪和奶牛规模化比例

（数据来源：农业农村部）

与此同时，中国奶业呈现集团化加速"抱团"的规模化养殖趋势，近年来乳企一体化奶源占比持续上升。根据国家奶牛产业技术体系监测，2020年蒙牛、伊利、光明三大乳企自有奶源占比为37%，比2015年提升了11个百分点，预计2025年这一比例将继续大幅提升，达到50%。

与奶业发达国家相比，我国优质奶源供应不足，产业链监管系统仍不完善，牧场管理的数字化水平仍较为落后，根本瓶颈就在于能够提供好奶源的规模牧场较少，技术落地的成本太高、产业链利益分配机制不够健全，而千家万户的分散养殖又远远不能满足消费者对安全牛奶的要求，设施补贴和技术支持对现代化牧场建设显得尤为重要。随着"促进奶业振兴"相关政策文件的发布实施，奶业现代化建设步伐的稳步推进，规模化、标准化畜牧养殖比例快速提高，优质奶源建设步伐加快，生鲜奶品质进一步提升。"奶业振兴苜蓿发展行动""粮改饲""现代种业提升工程"等战略计划的落实，破解了我国奶业发展在关键领域的"卡脖子"难题，打破了饲草料过度依赖的现状，实现奶业的健康发展。2020年我国奶牛养殖优质饲草使用率和全混合日粮（TMR）普及率较2008年分别增长了125%和154%，自主培育的公牛数量由2008年的100头增长到2020年的2 982头，为我国奶业标准化规模发展奠定了坚实的基础。

第三节　数字驱动规模化奶牛场的生产

数字时代到来，5G、人工智能、大数据、物联网等新一代信息技术发展加快，在奶业的养殖、加工、生产、流通以及服务等全产业链渗透，赋能奶业，推动奶业高质量发展。奶业数字化是以奶牛养殖为中心，以计算机技术、质量管理技术、统计技术为基础，以生产安全、高质的乳制品为目标，软硬件高度结合的一项工程。奶业规模化发展离不开数字信息技术的支撑，牧场的基础信息是数字奶业建设的源头，采集和应用好牧场信息是数字奶业建设的重点，不仅有利于企业本身管理水平的提高，更有利于通过数字信息来提高宏观分析、决策与调控的科学性。奶业的数字化转型在行业中逐渐盛行，通过数字化战略的实施，生产的每一杯奶都有来自包括牧场、生产端、物流端直至消费者端全产业链条的数字化信息支撑，让产品变得更具竞争力。

随着信息技术的不断成熟，进入软件化和智能化阶段，数字信息技术逐渐在奶业全产业链应用。第一，建设数字牧场。利用物联网、人工智能等现代信息技术，实现对每头牛的精准化养殖，充分挖掘每头牛的潜力，降低奶牛养殖的安全风险，提高奶牛养殖的生产效率。例如，构建TMR精准饲喂系统、精准环控系统、发情监测系统、生鲜乳运输管理系统等，将移动互联网、智能物联应用于奶牛养殖的各个环节，推动传统牧场的数字化转型升级。第二，打造智能加工制造。通过互联网在乳品行业的深度应用，推动乳品收集、加工、包装等环节的高度智能化、自动化、数字化，提升乳品安全、消费安全和流通安全。第三，实现数字化营销。在产业链下游，借助大数据、云计算，精准洞察消费者的深层次需求，了解乳品消费趋势，根据当前和潜在的消费市场需求，推出多元化、更贴近市场的乳制品，实现高效精准营销。同时，信息技术提高了营销的可信度，将知识图谱技术与二维码追溯系统结合，消费者可以通过二维码查询产品信息和相关责任方，让消费者吃得放心，确保产品安全。

奶牛养殖产业的发展与信息化技术的应用密不可分，奶业发达国家的奶牛养殖企业纷纷以信息化技术为手段不断提高自身的管理水平，奶业发展呈现集约化、信息化管理的趋势，并开发出各种优秀的管理软件为各国奶业发展做出重要贡献，同时各国纷纷建立全国性的信息综合分析和检测系统，通过大数据综合分析，为相关机构与牧场提供相应的预警提示、趋势预测等信息。

我国规模化牧场的信息化技术起步晚于奶业发达国家，但近年来的发展速度非常快，牧场管理软件、实时监控系统等硬件的开发和应用都有了长足的进步，相关技术日趋成熟，应用水平也在不断上升。但是，相较于国外奶业发达国家，我国在信息化技术的研发和应用方面仍存在许多问题。

一是在牧场信息化技术开发过程中，自主创新的意识和能力不足，关键技术部件依赖进口；行业内缺乏合作与沟通，国内厂家各自为战，不同系统设备间的兼容性较差。

二是在牧场信息化技术应用过程中，国外厂商处于垄断地位，信息化建设的资金投入巨大；对信息化建设缺乏足够的了解，不愿意改变原有的落后管理模式；缺乏专业的牧场信息化管理人才，导致无法充分发挥相关系统设备的作用。

三是牧场内信息资源的收集、加工、传递、利用等环节还处于分散的、粗放的自发阶段，信息资源的分散性、信息服务的内向性、信息联系的纵向性、信息更换的滞后性都直接影响了信息的利用率，制约了牧场管理水平的提高。

现代化奶业的发展离不开信息技术，信息化是奶业持续健康发展的必然选择，"十四五"时期，以及更远的十年，在良好的政策引导和人才培养机制下，奶业必将进入智慧化阶段，数字奶业技术在奶业持续健康发展过程中将发挥更大作用。奶牛场作为奶业生态圈的核心直接影响奶业的健康可持续发展，如何更加高效地利用有限的资源，提升牧场可持续盈利能力和竞争力，是摆在牧场投资方和运营管理者面前永恒的话题。随着奶业行业快速发展和奶牛场集约化程度越来越高，经营者对牧场信息化建设越发重视，投入也在不断增加。同时在政府的支持和引导下，使得牧场信息化建设得到快速发展并取得重要进展，数据和信息逐渐在牧场实现精益管理，提高生产效率、可持续盈利能力等方面发挥越来越重要的作用。

纵观奶牛场信息化发展的过程，可以将其归纳为如下5个阶段。

第一阶段，电子化。

主要特征：将原来存在生产人员大脑的信息和纸质记录转变为电子版的文档（例如，在Excel里进行记录和操作）。

第二阶段，软件化。

主要特征：开始使用专门为牧场开发的单机版管理软件，主要是生产数据记录和查询，生成打印纸质工作单（派工单）和简单的统计报表。由于牧场使用不同的独立软件，形成很多"信息孤岛"，数据无法协同和叠加进行专业分析，无法发挥数据真正的价值。

第三阶段，系统化。

主要特征：开始使用基于云计算架构的更加专业和高效的牧场生产管理系统，系统可以将牧场使用的不同设备和软硬件进行连接，利用系统帮助牧场将生产流程建立起来，基于牧场整体进行专业的数据分析和预测，对系统的数据分析能力要求越来越高，并与牧场周边顾问和技术服务进行高效对接，帮助牧场不断提升管理水平和运营效率。

第四阶段，智能化。

智能是"Intelligent"，"智"是大脑，是牧场运行的智能基础；"能"是"手脚"，是通过"智"对牧场赋能；智能的发展水平在一定阶段内是可衡量的，是人的因素高度参与的不断迭代的过程；智能牧场是实现终极智慧化前的必经过程。主要特征：基于云计算、物联网、大数据和人工智能等新兴技术出现平台化产品并形成标准，"牧场的智慧大脑"更加强大，物联网等自动化设备在牧场应用更加广泛，并与"牧场大脑"进行有机结合，大部分数据实现自动采集，数据不断进行汇集和积累，形成牧场的"大数据"，数据的价值日益凸显，牛、人和牧场及围绕牧场提供产品和服务的机构进行更加广泛的连接，牧场运行更加智能和高效，数据将真正发挥在牧场精细化管理上，提升效率、生产力与盈利能力方面的优势（图1-2）。

第五阶段，智慧化。

智慧是"Smart"，智慧牧场是牧场发展的终极目标。主要特征：以信息和知识为核心要素，通过将互联网、物联网、大数据、云计算、人工智能等现代信息技术与牧场深度融合，实现牧场信息感知、定量决策、智能控制、精准投入、个性化服务的全新牧场生产方式，是牧场信息化发展的高级阶段。智慧牧场的理想状态具备高度的自主学习和进化能力，多数情况下不需要人为干预。

图1-2　智慧牧场解决方案框架图

我国大部分奶牛场信息化仍处于第二阶段，但越来越多的牧场管理者和生产者认识到信息化和数据在规模化牧场生产管理中的重要作用和意义，对专业数据分析的要求和需求越来越高，一部分生产管理水平和信息化重视程度较高的牧场已进入到第三阶段并开始向第四阶段发展，同时也对牧场生产管理系统要求越来越高，牧场经营者期望能够利用数据客观评估自己牧场的关键生产性能，并与国际和国内牧场进行"对标分析"和交流，以期帮助牧场持续进行改进和提升，在《中国规模化奶牛场关键生产性能现状（2020版）》基础上通过对一牧云（YIMUCloud）当前服务的分布在全国21个省（自治区、直辖市）310个牧场，803 975头奶牛的生产数据筛选、分析、整理并发布《中国规模化奶牛场关键生产性能现状（2021版）》，谨望能够不断完善并逐渐建立起奶牛场生产性能评估标准和对标依据，为中国奶业可持续发展贡献绵薄之力。

第二章 数据来源与牧场概况

本书数据均来源于一牧云（YIMUCloud）"牧场生产管理与服务支撑系统"，经过筛选后，本书共对符合标准的216个授权牧场进行了深入分析，本章重点对牧场的分布情况及牛群结构情况进行描述性统计及分析说明。

第一节 服务牧场概况

截至2020年12月31日（后文中提到"当前结果"，均代表截至该日的数据）对一牧云（YIMUCloud）当前服务的分布在全国21个省（自治区、直辖市）310个牧场，803 975头奶牛的生产数据（图2-1）进行筛选和分析。

对所有牧场数据按照如下标准进行筛选：

一是一牧云系统中累积数据超过一年；

二是繁育信息连续、完整录入；

三是最近6个月牛群结构稳定，牧场规模>200头，剔除完全为后备牛的牧场；

四是截至2020年12月，仍有数据录入的牧场。

最终筛选出216个牧场，合计在群牛650 533头，成母牛354 017头，其中泌乳牛312 718头，后备牛287 970头（图2-2）。

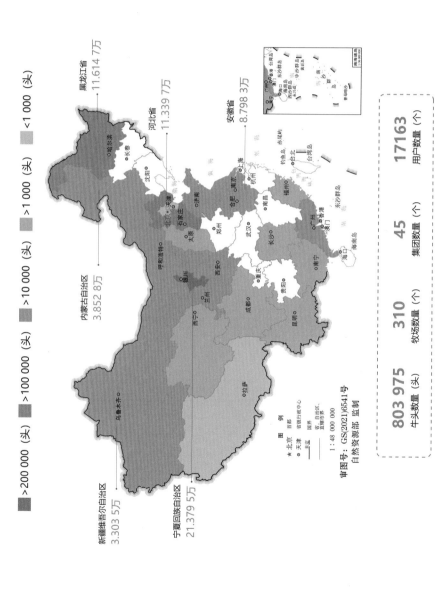

图2-1 一牧云（YIMUCloud）"牧场生产管理与服务支撑系统"服务牧场分布

注：图中空白地区表示资料暂缺，全书同。

牛头数量（头）	牧场数量（个）	集团数量（个）	用户数量（个）
803 975	310	45	17163

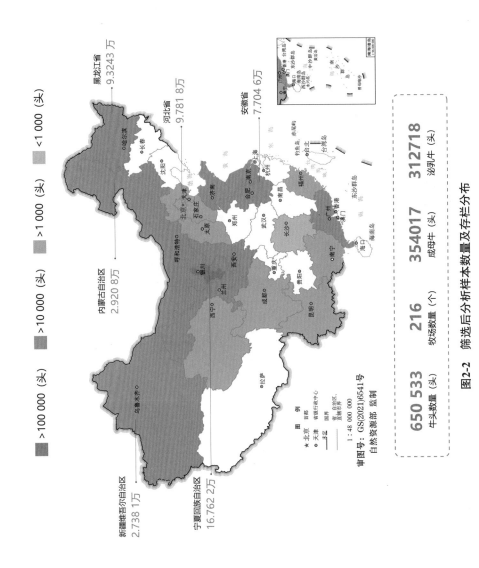

图2-2 筛选后分析样本数量及存栏分布

统计牛群的胎次分布情况分析如下（图2-3）。

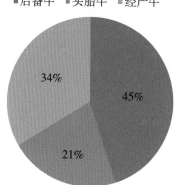

■后备牛　■头胎牛　■经产牛

图2-3　统计牛群胎次分布情况（*n*=641 987）

根据以上条件，筛选出的牧场在各省（自治区、直辖市）分布情况如表2-1所示，其中牧场数量最多的3个省（自治区）分别为宁夏、黑龙江及新疆，牛只数量分布最多的3个省（自治区）分别为宁夏、河北和黑龙江。

表2-1　各省（自治区、直辖市）一牧云用户牧场样本数量及存栏量分布情况

区域	牧场数量（个）	全群牛（头）	成母牛（头）	泌乳牛（头）	后备牛（头）
宁夏	68	167 622	90 518	80 823	75 018
黑龙江	41	93 243	51 743	45 589	39 934
新疆	17	27 381	15 204	12 834	12 176
河北	15	97 818	55 221	48 825	41 292
甘肃	14	41 104	23 782	21 304	16 015
广东	11	10 658	5 522	4 898	4 931
山东	10	36 556	19 789	17 244	16 603
内蒙古	9	29 208	15 513	13 314	12 869

（续表）

区域	牧场数量（个）	全群牛（头）	成母牛（头）	泌乳牛（头）	后备牛（头）
陕西	7	26 898	14 440	12 951	12 147
安徽	4	77 046	39 087	34 686	37 893
北京	4	4 144	1 801	1 560	2 215
云南	4	5 869	3 121	2 591	2 671
天津	3	1 668	1 093	981	504
广西	2	3 892	1 910	1 702	1 848
江苏	2	15 437	8 372	7 365	6 827
福建	1	1 490	1 091	991	398
湖南	1	520	265	215	224
青海	1	2 060	1 147	906	913
山西	1	1 071	590	510	452
四川	1	6 848	3 808	3 429	3 040
总计	216	650 533	354 017	312 718	287 970

统计牧场中，规模最大的单体牧场全群存栏为39 894头（其中成母牛22 208头），规模最小的全群存栏为281头（其中成母牛150头），不同规模牧场分布情况如表2-2所示。从牧场数量看，存栏1 000～1 999头牧场量最多，占比34.3%，其次是1 000头以下牧场，占比29.6%。但从存栏数量上来看，5 000头以上牧场总存栏量最大，占比55.1%，其次是2 000～4 999头规模牧场的总存栏占比22.0%，1 000～1 999头规模牧场的总存栏占比16.6%，<1 000头规模牧场的总存栏占比仅为6.3%。

表2-2　一牧云服务牧场数量及存栏分布情况

存栏规模 （头）	牧场数量 （个）	牧场数量占比 （%）	存栏量 （头）	存栏占比 （%）
<1 000	64	29.6	40 793	6.3
1 000～1 999	74	34.3	108 055	16.6
2 000～4 999	48	22.2	143 336	22.0
≥5 000	30	13.9	358 349	55.1
总计	216	100.0	650 533	100.0

第二节　成母牛怀孕牛比例

根据经典的泌乳曲线（图2-4），对于一个持续稳定运营的奶牛场，其成母牛在一个泌乳期中至少超过一半的时间应当处于怀孕状态，如此才能具备较好的盈利能力。

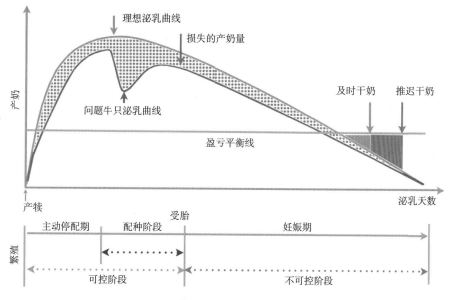

图2-4　典型的泌乳曲线与牧场繁殖

由于奶牛的繁殖状态是一个动态变化的过程，统计了系统中授权的163个牧场在2020年1月至2020年12月每月月末采集的成母牛怀孕牛比例，所有牧场在统计时间段内怀孕牛比例分布情况如图2-5所示。根据箱线图统计结果，可见平均成母牛怀孕比例为50.7%，变化范围30%～72%，四分位数范围46%～57%（IQR，50%最集中牧场的分布范围）。

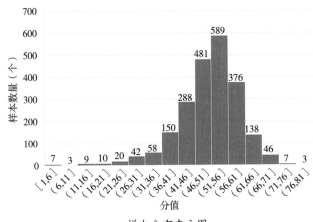

a. 样本分布直方图

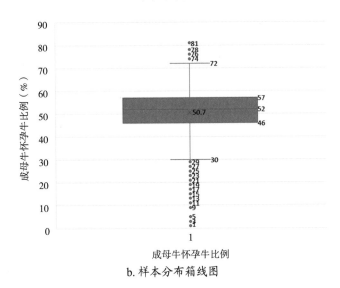

b. 样本分布箱线图

图2-5 2020年1—12月成母牛怀孕牛比例分布（n=2 227）

注：n=2 227表示统计2020年1—12月167个牧场月度指标"成母牛怀孕牛比例"。

对于≤30%的41个异常值结果进行查询，来自16个牧场的月度数据，其中7个牧场（13个异常数据）是由于2019年10—12月繁育管理较差造成，导致2020年1—4月怀孕牛比例较低，在2020年其他月份均已经提升至30%以上；4个牧场（8个异常数据）为较低的繁殖率（2020年度21天怀孕率14%～18%）；3个牧场（18个异常数据）是由于2020年初刚刚投产，前期无可怀孕牛；一个牧场（1个异常数据）因为存在季节性产犊，2020年9—12月产犊数占全年的78%以上；另一个牧场（1个异常数据）由于4—6月更换冻精，导致2020年8月怀孕牛比例减小。

对163个牧场的年均成母牛怀孕比例与21天怀孕率进行相关分析，计算得到两组数据（Pearson）相关系数为0.635，统计学检验两组样本数据间相关系数达极显著（$P<0.000\ 1$），反映出21天怀孕率越高的牧场，其全群年均成母牛怀孕牛比例相对越高，结果散点图如图2-6所示。

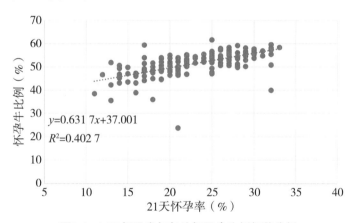

图2-6　21天怀孕率与年均怀孕牛比例相关分析

对各牧场每月成母牛怀孕牛比例统计绘图，全年波动箱线如图2-7所示，不同的颜色代表不同的牧场，各牧场由于全年繁育计划及繁殖方案不同，变化的范围也有差异。

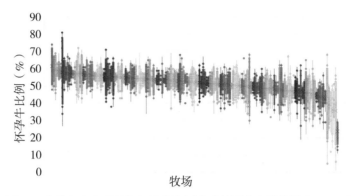

图2-7　各牧场全年成母牛怀孕牛比例波动范围分布箱线图（*n*=163）

对于全年各月怀孕牛比例最低值超过总体比例平均值的牧场
（≥50%）也单独做了展示（图2-8）。这27个牧场全年波动幅度
不同，对各牧场进行查询，如图2-9所示，展示了27个牧场中波动
幅度最大的6号牧场及波动幅度最小的14号牧场2020年每月的产犊
情况。结果显示出全年怀孕牛比例波动幅度越小的14号牧场（最
小值52%，最大值55%），其全年各月产犊头数及各月怀孕头数波
动范围也相对越小，而波动幅度较大的牧场，其牛群更多是在全
年某段时间存在集中配种与集中产犊的情况。

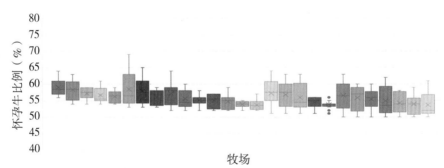

图2-8　全年成母牛怀孕牛比例最低值≥50%牧场各月怀孕牛比例波动范围箱线图

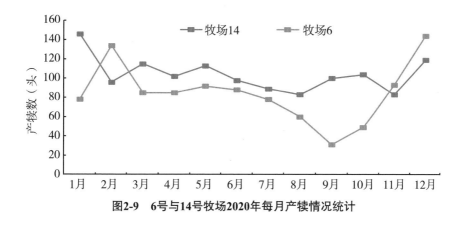

图2-9　6号与14号牧场2020年每月产犊情况统计

第三节　平均泌乳天数

1. 泌乳牛

泌乳牛平均泌乳天数，表示全群泌乳牛泌乳天数的平均值，相对静态条件下（牧场生产、繁殖、死淘等工作相对稳定），泌乳牛的平均泌乳天数，与泌乳牛群的产量有明显相关关系。

刘仲奎（2013年）研究表明，一个成熟的规模化牧场，一年365天正常的平均泌乳天数为175～185天；维持盈利的最低平均泌乳天数的底线，不能高于200天。刘玉芝等（2009年）提到，全群成母牛平均泌乳天数正常值应该在150～170天，群体的平均泌乳天数可反映出牛群的品质和繁殖性能。通过对已授权的204个牧场当前泌乳牛平均泌乳天数进行统计分析，统计结果可见图2-10，当前平均泌乳天数为174天，四分位数范围160～190天（50%最集中牧场的分布范围），群体最高的平均泌乳天数为229天，最低的泌乳天数为104天。

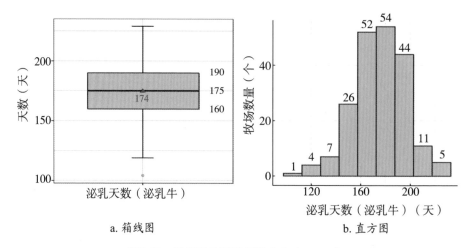

a. 箱线图　　　　　　　　b. 直方图

图2-10　牧场平均泌乳天数分布（*n*=204）

对2020年12个月均有泌乳牛平均泌乳天数的164个牧场的21天怀孕率与年均泌乳牛平均泌乳天数进行相关分析，两者（Pearson）相关系数为−0.421，统计学检验两样本间相关系数达极显著（*P*<0.000 1），反映出21天怀孕率表现越好，年均泌乳牛平均泌乳天数越低，结果散点图如图2-11所示。

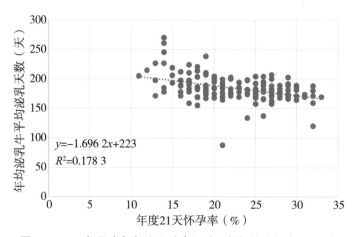

图2-11　21天怀孕率与年均泌乳牛泌乳天数相关分析（*n*=164）

各牧场泌乳牛平均泌乳天数全年波动幅度如图2-12所示，其中波动最大的6个牧场，全年波动幅度范围（极差）在102～148

天，查询牧场规模和各月份产犊数，发现5个牧场全群头数400～900头，2020年各月份产犊数波动较大且无规律；3个牧场全群头数在2 000～4 000头，各月份产犊数也波动较大，其中一个牧场呈现季节性产犊，9—12月产犊数较多。波动范围最小的牧场其全年波动最大幅度仅为7天，在173～180天波动，其中2020年21天怀孕率28%，月度范围21%～33%。提示牧场在评估时需要注意，平均泌乳天数是一个动态值，必须要结合当时的全群牛状态参考进行分析。

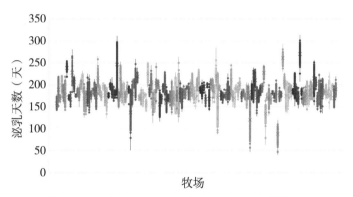

图2-12　牧场全年泌乳牛平均泌乳天数波动范围分布箱线图（*n*=164）

刘仲奎等（2013年）研究表明，一个规模化牧场的平均泌乳天数持续出现60天、80天、90天、100天、110天、120天、130天，这是不正常的。对164个牧场中2020年有3个月份出现平均泌乳天数<130天的牧场进行查询，共包含6个牧场，其中1个牧场是由于发生批量转入的情况，使调入后两个月泌乳天数低于130天，3个牧场为2020年1—4月大量后备牛、经产牛集中产犊造成，2个牧场为新建牧场，由于后备牛大量产犊造成。

2. 成母牛

成母牛平均泌乳天数，表示全群成母牛泌乳天数的平均值，计算公式见式（2-1）。

$$
\begin{array}{c}
\text{成母牛平均} \\
\text{泌乳天数}
\end{array} = \frac{\sum（\text{泌乳牛泌乳天数}）+\sum（\text{干奶牛泌乳天数}）}{\text{总成母牛头数}} \quad （2\text{-}1）
$$

式中，干奶牛的泌乳天数为其从产犊至干奶的天数。

成母牛的泌乳天数，可用来反映牛群异常干奶牛比例、干奶时怀孕天数差异等问题，同时可用来反映全群成母牛的生产水平，通常与成母牛平均单产相对应，共同反映全群成母牛的盈利能力。

对已授权的206个牧场成母牛平均泌乳天数与泌乳牛平均泌乳天数统计，统计结果见图2-13，成母牛泌乳天数平均值与中位数均为198天，上下四分位数为182～211天，最大值为274天，最小值为145天。

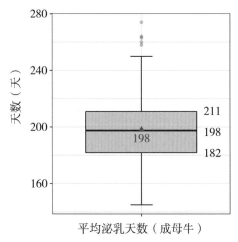

图2-13　成母牛平均泌乳天数分布箱线图（*n*=206）

将各牧场成母牛平均泌乳天数与泌乳牛平均泌乳天数的差值进行统计，统计结果见图2-14，可见成母牛泌乳天数与泌乳牛平均泌乳天数差值平均为21天，上下四分位数为17～24天，箱线图统计最高的差异为43天，最低为0天。

当差异为0时，表示牛群全部为泌乳牛，无干奶牛，该种情况通常出现于新建牧场牛群刚刚投入生产时尚且没有干奶牛的情况。同样，对于成母牛与泌乳牛天数相差过低时进行分析，主要原因包括：一是为新建牧场牛群，牛群中头胎牛尚未开始干奶，二是干奶转群未录入，部分牛只怀孕天数已经超过210天，但仍属于已孕干奶牛，提示需及时录入干奶转群事件。成母牛与泌乳牛合理的平均泌乳天数差异，表明了成母牛群的稳定性与全群成母牛的生产水平。

对高于40天的异常数据进行查询，查询结果表明造成差值过高的原因主要包括：一是牛群成母牛中干奶牛只比例过高，二是牛只干奶时泌乳天数过高，反映出较低的繁殖水平与较低的产奶量。

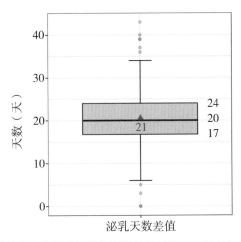

图2-14　成母牛平均泌乳天数与泌乳牛平均泌乳天数差异统计箱线图

第三章 成母牛关键繁殖性能现状

众所周知，对于商业化奶牛场，繁殖是驱动一个牧场能否盈利的关键，因此作为管理者必须对牧场的繁殖水平进行及时评估，以便及时改进和预防问题的发生，本章对繁殖管理中常见的指标，诸如：21天怀孕率、21天配种率、成母牛受胎率、150天未孕比例、平均首配泌乳天数、平均空怀天数、平均产犊间隔、孕检怀孕率等，分别进行了统计分析及解读。

第一节 21天怀孕率

21天怀孕率（21-Day Pregnant Risk）的概念最早由Steve Eicker博士和Connor Jameson博士于20世纪80年代在美国硅谷农业软件公司（VAS）提出并通过DC305牧场管理软件应用于牧场当中，这是目前能较全面、及时、准确评估牧场繁殖表现关键指标，其定义为：应怀孕牛只在可怀孕的21天周期（发情周期）内最终怀孕的比例。对2020年度209个牧场的成母牛怀孕率进行统计汇总（图3-1），四分位数范围18%～27%（50%最集中牧场的分布范围），平均值为22.0%，中位数为22，与2017年度（怀孕率平均值16%，中位数15%）、2018年度（怀孕率平均值18.5%，中位数17%）、2019年度（怀孕率平均值18.8%，中位数18%）相比，繁殖表现均有所提升。

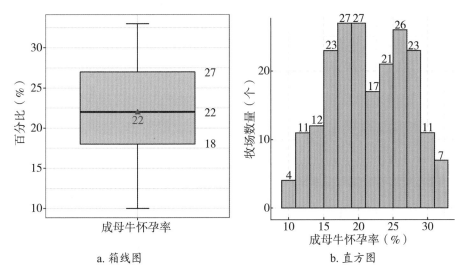

a. 箱线图　　　　　　　　　b. 直方图

图3-1　成母牛21天怀孕率分布统计（ n=209）

注：n=209，成母牛21天怀孕统计结果来源于209个牧场的数据。需说明，本书最终筛选出216个牧场，但因为并不是216个牧场都有完整的各项指标记录，或者因为指标范围筛选条件，导致某些牧场指标缺失，因此下面具体到单个指标分析时，n会有所不同。

对不同规模牧场的21天怀孕率表现进行分组统计分析（表3-1），可以看到，几个存栏规模分组中，牧场规模越大，平均怀孕率水平则越高，极差也越小，反映出大型牧场相对完善的繁育流程、相对标准的操作规程和一线执行能力。1 000头以内的小规模牧场之间差异最大，最低值与最高值均在小规模群体中（<1 000头），表明小规模牧场繁殖管理水平差异较大，很多牧场具有较大的繁育提升空间。同时由于小型牧场更加灵活的制度，不必拘泥于严格的繁育制度当中，使小型牧场可以更加灵活与精细地处理牛只，从而达到更加优秀的繁殖表现。

对2020年度与2019年度的不同规模牧场的21天怀孕率平均值统

计表明，规模在<1 000头的牧场21天怀孕率上升1.68个百分点（2020年18.08%，2019年16.4%），规模在1 000～1 999头的上升3.25个百分点（2020年22.15%，2019年18.8%），规模在2 000～4 999头的上升4.05个百分点（2020年23.35%，2019年19.3%），≥5 000头规模的牧场上升4.41个百分点（2020年27.71%，2019年23.3%）。2020年整体（21.95%）相较于2019年（18.8%）上升3.15个百分点。不同规模牧场增长幅度反映出小规模牧场存在较大的提升空间。

表3-1　2020年不同群体规模牧场21天怀孕率统计结果（n=209）

存栏规模 （头）	牧场数量 （个）	牧场数量 占比（%）	平均值 （%）	中位数 （%）	最大值 （%）	最小值 （%）
<1 000	62	29.7	18.08	17.00	30.00	10.00
1 000～1 999	73	34.9	22.15	22.00	33.00	11.00
2 000～4 999	46	22.0	23.35	22.50	32.00	12.00
≥5 000	28	13.4	27.71	28.00	32.00	18.00
总计	209	100.0	21.95	22.00	33.00	10.00

第二节　21天配种率

21天配种率（或称发情揭发率），通常与21天怀孕率共同计算与呈现，其定义为：应配种牛只在可配种的21天周期（发情周期）内最终配种的比例，配种率主要反映出牧场配种工作（或发情揭发工作）的效率高低。对210个牧场的成母牛配种率进行统计汇总，其成母牛配种率分布情况如图3-2所示，超过75%的牧场配种率均高于65%，50%的牧场集中分布于50%～65%，平均值为

56.3%，中位数为60%，最大值为74%，最小值为17%。分析配种率最高的5个牧场里，其高配种率的原因主要包括3个方面：一是全年持续稳定的配种工作，未因节日及季节影响牛只配种工作；二是产后牛及空怀牛同期发情流程的良好应用；三是牧场繁育管理规范科学，繁育人员具有较强的责任心及辅助发情监测工具的良好应用（计步器、尾根涂蜡笔等）。

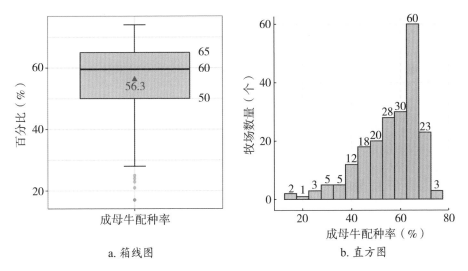

a. 箱线图　　　　　　　　　b. 直方图

图3-2　各牧场成母牛21天配种率分布统计（*n*=210）

对不同规模群体的配种率表现进行与怀孕率一样的分组统计（表3-2），可以看到，几个存栏规模分组中，牧场规模越大，平均配种率水平则越高，组内不同牧场间的差异也越小，这个结果与怀孕率表现情况一致。各规模分组中配种率最高值差异不明显（0%~3%），但以平均值来看，5 000头以上规模牧场配种率平均值（≥64%）明显高于<5 000头以下牧场，同样反映出大型牧场相对完善的繁育流程与相对标准的操作规程。各分组配种率最大值无明显差异，表明优秀的配种率表现与群体规模并无明显关系，任何规模的群体均可取得优秀的配种率表现。

表3-2　不同群体规模牧场21天配种率统计结果（*n*=210）

存栏规模 （头）	牧场数量 （个）	牧场数量占比 （%）	平均值 （%）	中位数 （%）	最大值 （%）	最小值 （%）
<1 000	62	30.0	49.03	49.00	71.00	17.00
1 000～1 999	73	34.8	58.04	61.00	73.00	24.00
2 000～4 999	46	21.9	58.15	63.00	74.00	17.00
≥5 000	28	13.3	64.71	65.50	71.00	46.00
总计	209	100.0	56.25	59.50	74.00	17.00

第三节　成母牛受胎率

1. 整体受胎率

受胎率定义为：配种后已知孕检结果配种事件中怀孕的百分比，计算公式见式（3-1）。

$$成母牛受胎率（\%） = \frac{配种怀孕事件数}{配种事件总数（已知孕检结果）} \times 100 \quad （3\text{-}1）$$

210个牧场当中，其受胎率分布情况如图3-3所示。所有牧场中，受胎率最高为54%，最低为21%，四分位数范围为34%～42%（50%最集中牧场的分布范围），平均为37.5%，中位数为38%。

对不同群体规模的受胎率表现进行分组统计（表3-3），可以看到，5 000头以上规模组内差异最小，1 000头以内规模组内差异最大。虽然受胎率有无法反映参配率的缺点，但不可否认受胎率的高低对于牧场繁殖策略的选择以及牧场效益高低具有重要的参考意义，所以牧场制订繁育流程时，可将牧场受胎率结果作为重要参考指标。

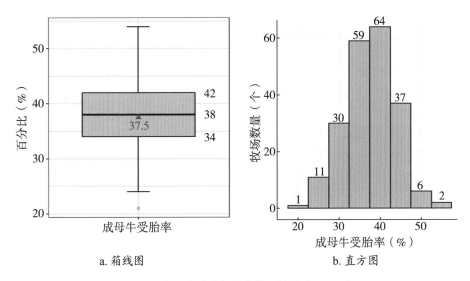

a. 箱线图　　　　　　　　b. 直方图

图3-3　成母牛受胎率分布情况统计（*n*=210）

表3-3　不同规模群体的受胎率表现

存栏规模（头）	牧场数量（个）	牧场数量占比（%）	平均值（%）	中位数（%）	最大值（%）	最小值（%）
<1 000	60	28.6	35.45	34.50	54.00	21.00
1 000～1 999	74	35.2	36.62	37.00	45.00	25.00
2 000～4 999	47	22.4	38.38	39.00	54.00	29.00
≥5 000	29	13.8	42.83	43.00	49.00	38.00
总计	210	100.0	37.54	38.00	54.00	21.00

对不同群体规模不同配种方式下受胎率表现进行分组统计（表3-4），可以看到，三种配种方式的受胎率呈现随牧场规模增大受胎率增高的趋势。其中，三种配种方式的受胎率在5 000头以

上规模组内差异最小（41.54%～44.55%），定时输精和同期处理的受胎率与自然发情下受胎率相差不大（41.54%～43.01%），但1 000头以内规模牧场组内差异最大（30.92%～39.89%），定时输精和同期处理的受胎率较自然发情的低8～9个百分点。再次反映出相对完善的繁育流程与相对标准的操作规程对受胎率有着重要的影响。

表3-4　不同规模群体不同配种方式下受胎率表现

存栏规模 （头）	牧场数量 （个）	牧场数量占比 （%）	定时输精 （%）	同期处理 （%）	自然发情 （%）
<1 000	60	28.6	30.92	31.63	39.89
1 000～1 999	74	35.2	36.29	33.80	41.69
2 000～4 999	47	22.4	36.58	36.28	42.86
≥5 000	29	13.8	41.54	43.01	44.55
总计	210	100.0	36.29	35.11	41.85

2. 不同配次受胎率

对2020年度208个牧场的成母牛不同配次受胎率进行分析，结果如图3-4所示，可见产后第1次配种受胎率平均值（41.1%）>第2次配种受胎率平均值（38.7%）>第3次配种受胎率平均值（33.1%），各牧场不同配次受胎率及前3次受胎率差异如图3-5所示。首次配种受胎率四分位数范围为36%～46%，第2次配种受胎率四分位数范围为35%～43%，第3次配种受胎率四分位数范围为29%～37%（四分位数范围为50%最集中牧场的分布范围）。

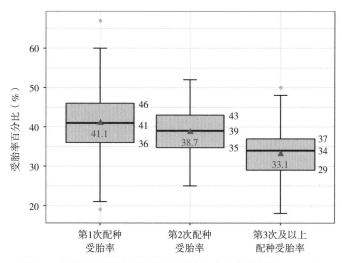

图3-4　各牧场成母牛不同配次受胎率分布箱线图（*n*=208）

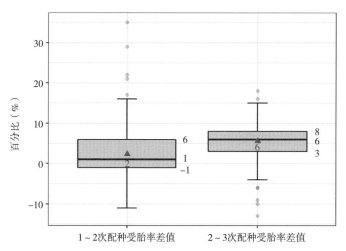

图3-5　牧场成母牛不同配次受胎率差异（*n*=208）

对于前两次配种分别进行了差异分析（图3-5），可见所有超过34%（70/208）的牧场首次配种受胎率低于之后几次配种受胎率，出现此现象的主要原因包括：一是产后护理及保健流程不完善；二是产后牛同期方案执行不佳；三是配种过早，主动停配期设置不合理。

3. 不同胎次受胎率

对2020年度197个牧场的成母牛不同胎次牛只受胎率进行分析，结果如图3-6所示。可见1胎牛配种受胎率平均值（40.2%）＞第2胎次配种受胎率平均值（36.8%）＞第3胎次配种受胎率平均值（36.2%），头胎牛受胎率四分位数范围为35%～46%，2胎牛配种受胎率四分位数范围为33%～40%，3胎以上牛只配种受胎率四分位数范围为32%～41%（四分位数范围为50%最集中牧场的分布范围）。

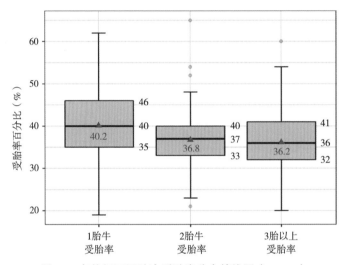

图3-6　各牧场不同胎次受胎率分布箱线图（*n*=197）

对于1胎牛及2胎牛单独进行了差异分析（图3-7），可见约有22%（44/197）的牧场受胎率结果1胎牛低于2胎牛，分析1胎牛受胎率低于2胎牛受胎率的情况，可能原因包括：一是不完善的产后护理及保健流程；二是青年牛围产天数不足；三是头胎牛配种过早，主动停配期设置不合理；四是头胎牛发情揭发率低于经产牛。

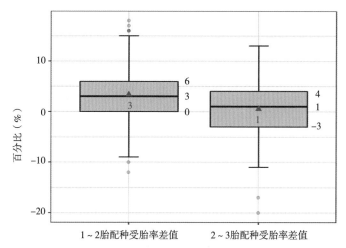

图3-7　牧场成母牛1～2胎次受胎率及受胎率差值箱线图（*n=*197）

第四节　150天未孕比例

成母牛150天未孕比例，定义为全群成母牛群中，产后150天以上牛只中未孕牛只的比例，计算公式见式（3-2）。

$$150天未孕比例（\%）= \frac{产后天数>150天未孕牛头数}{产后天数>150天总牛头数} \times 100 \quad （3-2）$$

150天未孕比例监测的意义主要在于：一是用来反映牧场全群成母牛怀孕效率，二是反映成母牛群中繁殖问题牛群比例。150天未孕比例越低，则表明成母牛群繁殖效率越高，同时成母牛牛群结构中有繁殖问题牛群占比越少。

208个牧场根据牛群规模分组进行了统计，所有牧场当中（图3-8），150天未孕比例平均为23.6%，中位数为22%，最高值为48%，最低值为5%，四分位数范围19%～28%（50%最集中牛群的分布）。

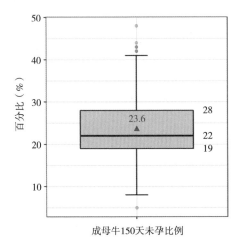

图3-8　150天未孕比例分布箱线图（*n*=208）

不同群体规模分组统计结果表明（图3-9、表3-5），群体规模越大，其150天未孕比例平均值表现越低，且组内差异较小。该结果表明，规模较大牧场更加重视数据化管理，有较好的关键指标体系管理，并且会及时关注牛群结构指标并做出相应调整，保持较好的牛群结构比例情况。

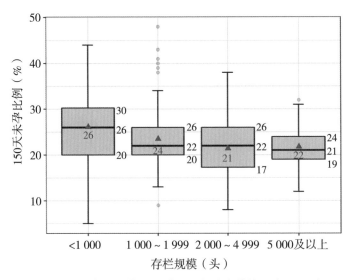

图3-9　不同存栏规模150天未孕比例分布箱线图（*n*=208）

表3-5　不同群体规模分组150天未孕比例统计结果（*n*=208）

存栏规模 （头）	牧场数量 （个）	牧场数量占比 （%）	平均值 （%）	中位数 （%）	最大值 （%）	最小值 （%）
<1 000	60	28.8	26.15	26.00	44.00	5.00
1 000～1 999	73	35.1	23.53	22.00	48.00	9.00
2 000～4 999	46	22.1	21.43	22.00	38.00	8.00
≥5 000	29	13.9	21.79	21.00	32.00	12.00
总计	208	100.0	23.58	22.00	48.00	5.00

第五节　平均首配泌乳天数

平均首配泌乳天数，定义为成母牛群中首次配种时的平均产后天数，计算方法为截至当前成母牛中所有胎次有配种记录成母牛的平均首配泌乳天数。平均首配泌乳天数主要用来反映牧场成母牛首次配种的及时性，可作为牛群首次配种方案评估的参考值。

200个牧场中首配泌乳天数分布情况如图3-10所示。平均首配泌乳天数最大为87天，最小为58天，平均值为68天，中位值为67天，四分位数范围64～72天（50%最集中牛群的分布）。对其中198个牧场成母牛主动停配期统计发现，成母牛主动停配期参数设置最大值76天，最小值35天，平均值为55天，中位数54天，均低于首配泌乳天数，两指标之间差值平均值为13天，也就是说实际生产中首配泌乳天数较主动停配期长13天。因此，建议牧场根据实际情况设定成母牛主动停配期，以保证成母牛产后在主动停配期后及时配种。

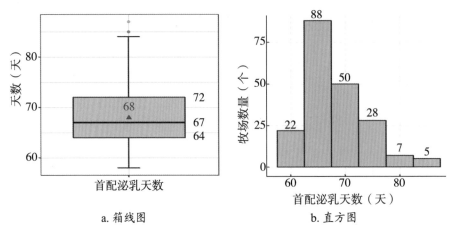

| a.箱线图 | b.直方图 |

图3-10 牧场平均首配泌乳天数分布统计（*n*=200）

　　为进一步分析首次配种分布的差异情况，选取了平均首配泌乳天数最低的4个牧场进行具体分布情况的查询，这4个牧场的首次配种模式分布情况如图3-11所示。以新疆某牧场（牧场4）为例，其平均首配泌乳天数为60天，但从其2020年的首次配种散点图上可以看到，首次配种的方案并不理想，首次配种并不集中，离散度较高，且存在很多配种过早及配种过晚的牛只（成母牛主动停配期55天），该示例体现出了平均值的片面性，所以在分析数据时，必须确定指标的参考性及意义。

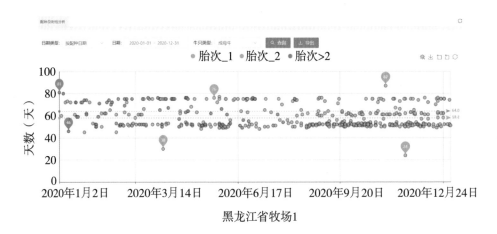

黑龙江省牧场1

黑龙江省牧场2

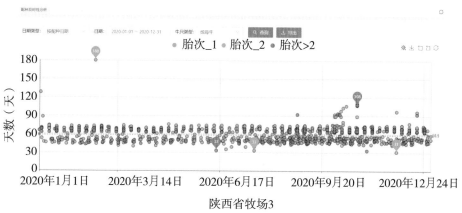

陕西省牧场3

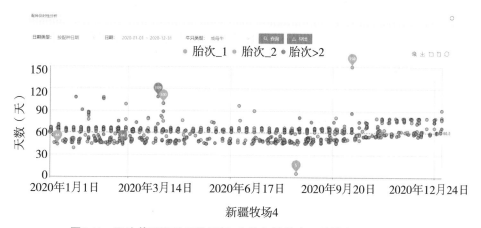

新疆牧场4

图3-11 平均首配泌乳天数最低4个牧场的首次配种模式分布散点图

第六节 平均空怀天数

空怀天数（也称为配妊天数），其定义对于未孕牛只为牛只产后至统计日的天数，对于已孕牛只为牛只产后至配种结果为怀孕的配种日期的天数，平均空怀天数算法为截至统计日所有在群成母牛空怀天数的平均值，该指标可作为当前成母牛群的繁殖效率情况及牛只当前胎次繁殖方案实际执行效果的参考值，但其同时受到流产牛、禁配牛等异常牛群在群比例的影响。因该指标统计牛只仅基于某一个时间点状态计算其空怀天数，与21天怀孕率，怀孕牛比例等指标并不处于同一时间维度，所以本书不进行相关关联分析。

214个牧场中平均空怀天数分布情况如图3-12所示，各牧场中平均空怀天数平均值为131天，中位值为129天，四分位数范围116～143天（50%最集中牧场的分布情况），最大为232天，最小为66天。

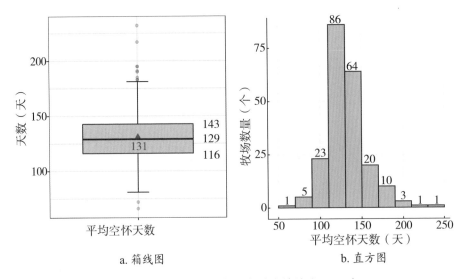

a. 箱线图　　　　　　　　b. 直方图

图3-12　各牧场平均空怀天数分布统计（n=214）

第七节　平均产犊间隔

产犊间隔，指经产牛本次产犊与上次产犊时的间隔天数，其计算方法为牛只本次产犊日期减去上次产犊日期，牛只至少产犊两次才可以计算产犊间隔。平均产犊间隔为经产牛群产犊间隔的平均值，虽然存在反映的繁殖效率具有滞后性的缺点，但对于牛群上一胎次繁殖效率的评估可作为很好的评估标准。

对208个牧场进行统计（图3-13），统计结果可见，牧场产犊间隔的平均值为404天，中位数为400天，四分位数范围393～416天（50%最集中牧场的分布情况），最大值为471天，最小值为334天。

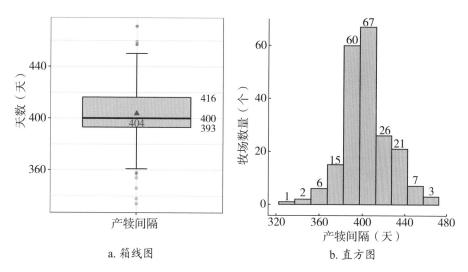

a. 箱线图　　　　　　　　b. 直方图

图3-13　牧场平均产犊间隔分布情况统计（ *n*=208 ）

对2020年产犊间隔较低，对应2019年至少有9个月及以上月度怀孕率的4个牧场的数据进行深入分析，其2019年21天怀孕率分别为30%、31%、29%、28%，均在25%以上，可见产犊间隔作为评估繁育效率指标时的滞后性（图3-14）。

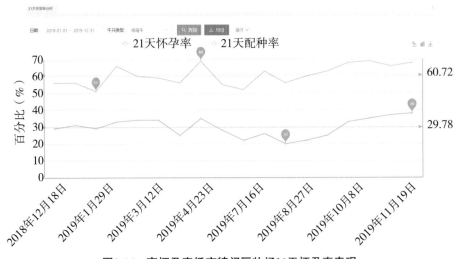

图3-14　高怀孕率低产犊间隔牧场21天怀孕率表现

第八节　孕检怀孕率

孕检怀孕率，指成母牛孕检总头数中孕检怀孕的比例，计算公式见式（3-3）。

$$成母牛孕检怀孕率（\%）= \frac{成母牛孕检怀孕事件数}{成母牛孕检事件总数} \times 100 \qquad （3-3）$$

孕检怀孕率为反映成母牛配种后第一个发情期发情揭发率的有效指标，孕检怀孕率越高，表明牧场对于配后牛只的发情揭发工作越积极、越成功。很多生产人员通过该指标评估受胎率，这是对孕检怀孕率的误解，因为牛只如果及时发现返情，是不必等到孕检即可发现空怀的，所以其更重要的作用是评估发情揭发率的表现。

205个牧场的孕检怀孕率情况见图3-15。可见各牧场成母牛孕检怀孕率平均为62.8%，中位数为62%，四分位数范围56%～68%（50%最集中牧场的分布情况），最高为89%，最低为40%。

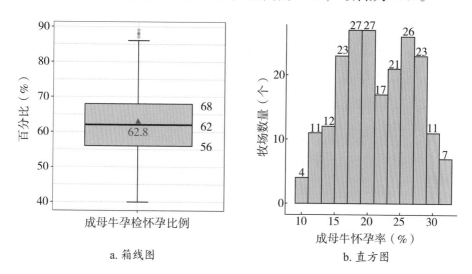

a. 箱线图　　　　b. 直方图

图3-15　牧场成母牛孕检怀孕率分布情况统计（*n*=205）

由于群体规模及人员配置与繁育人员工作方式有很大关联性，对不同群体规模分组的孕检怀孕率进行了统计（表3-6、图3-16），可见2 000头以下牧场仍有较大提升空间，5 000头以上牧场变异范围相对最小，且最高值相对在几个分组中最低，分析原因主要为大型牧场有较为规范的繁育操作规程。5 000头以上牧场孕检怀孕率表现最好的牧场仅为77%，而5 000头以下牧场孕检怀孕率最大值均超过87%，可见≥5 000头牧场表现与其他群体表现有明显差异，推测可能原因：一方面由于较为规范的繁育操作流程，致其相对缺乏每日进行人工观察发情的人力以及缺少灵活处理的空间，另一方面大型牧场为保证繁殖效率的高效，配后孕检天数设置较短且相对稳定，工作流程中对于返情观察的流程较难固化。统计结果表明，2 000～4 999头规模的牧场更有可能取得更高的孕检怀孕率表现。

　　此外，通过分析牧场成母牛配种后首次孕检时孕检天数，得出206个牧场首次孕检天数平均值为37天，中位数为37天，平均首次孕检天数最大的牧场为59天，最小的为29天，而孕检怀孕率和首次孕检天数之间的相关关系为0.258，呈现较弱的相关关系，这也说明孕检怀孕率为反映成母牛配后第一个情期发情揭发率的有效指标，因此和牧场孕检天数相关关系不高。

表3-6　不同群体规模分组的孕检怀孕率统计分布情况（ *n*=205 ）

存栏规模 （头）	牧场数量 （个）	牧场数量占比 （%）	平均值 （%）	中位数 （%）	最大值 （%）	最小值 （%）
<1 000	56	27.3	61.50	60.00	89.00	40.00
1 000～1 999	73	35.6	60.93	59.00	87.00	43.00
2 000～4 999	47	22.9	66.89	66.00	88.00	49.00
≥5 000	29	14.2	63.55	63.00	77.00	50.00
总计	205	100.0	62.82	62.00	89.00	40.00

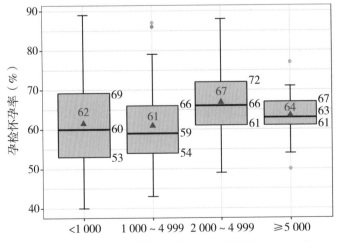

图3-16　不同群体规模孕检怀孕率分布箱线图（ *n*=205 ）

第四章 成母牛关键健康生产性能现状

保证牛群健康也是提高牧场盈利能力的关键点之一，而且随着生产水平的提高，保证牛群的健康也不仅仅是药物治疗，更多牧场理解并接受着保证牛群健康的概念，即生产兽医学的思维。繁殖、乳房健康、精准饲养及营养保证、奶牛舒适度等这些方面管理水平的提高，最终都将转化为死淘率下降、乳房炎发病率的下降及产后代谢病发病率的降低。本章汇总统计了一牧云用户牧场中的健康指标表现，包括成母牛死淘率、产后60天与产后30天死淘率、年度乳房炎发病率、产后代谢病发病率，以及关联影响牛群健康的平均干奶天数、产前围产天数及流产率的表现情况及分布范围。

第一节　成母牛年死淘率

成母牛年死淘率、成母牛年淘汰率及成母牛年死亡率计算方法见式（4-1）至式（4-3）。

$$成母牛年死淘率（\%）= \frac{成母牛年死亡与年淘汰总数}{成母牛年总平均饲养头数} \times 100 \quad (4\text{-}1)$$

$$成母牛年淘汰率（\%）= \frac{成母牛年淘汰总数}{成母牛年总平均饲养头数} \times 100 \quad (4\text{-}2)$$

$$成母牛年死亡率（\%）=\frac{成母牛年死亡总数}{成母牛年总平均饲养头数}\times100 \quad （4\text{-}3）$$

根据208个牧场共计94 907条成母牛死淘记录，其中淘汰记录占比约为77.3%（73 324/94 907），死亡记录占比约为22.7%（21 583/94 907），可见死淘牛群中淘汰牛群占主要部分。

208个牧场的死淘率分布情况如图4-1所示，可见年死淘率平均值为27%，最大值64.6%，最小值3.4%，中位数28%；年死亡率平均值6%，最大值24.2%，最小值0.2%，中位数6%；年淘汰率平均值20.9%，最大值63.7%，最小值1.2%，中位数21%。

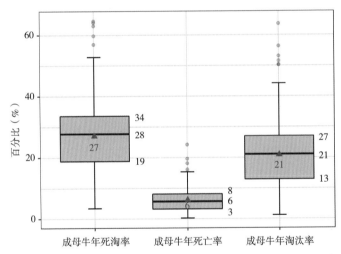

图4-1 牧场成母牛年死淘率、死亡率及淘汰率分布（*n*=94 907）

对其中189个有主动被动淘汰记录的牧场进行统计，发现成母牛主动淘汰占比平均为33.4%，中位数34.3%，四分位数范围16.7%～45.9%（50%最集中牧场的分布情况）。

胎次对死淘牛只进行分组统计结果如图4-2所示，1胎牛占比25.92%，2胎牛占比24.51%，3胎及以上牛只占比49.57%。其中1胎、2胎、3胎及以上淘汰牛只占比均超过死亡牛只占比的3倍以上。

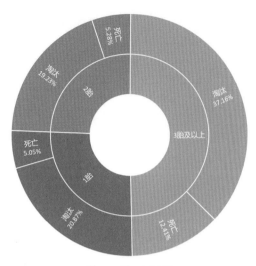

■1胎　■2胎　■3胎及以上

图4-2　不同胎次组死淘牛只占比情况（*n*=94 907）

按死亡、淘汰牛只主要死淘阶段分布情况如图4-3a所示，94 907头死淘牛只中有29.58%的牛只在产后300天以上淘汰（28 069头），12.54%在产后30天内淘汰（11 900头），5.41%在产后31～60天内淘汰（5 134头），10.13%在产后60天内死亡（9 607头）。

不同胎次牛只主要死淘阶段分布情况如图4-3b所示，3胎及以上牛只死淘主要发生在产后300天以上（占总死淘13.51%），产后30天内（12.99%），1胎牛、2胎牛死淘主要发生在产后300天以上（10.43%、9.78%）。

可见，牛只淘汰主要发生在产后30天内和产后300天以上，牛只死亡主要发生在产后60天内。具体分析产后300天以上淘汰原因发现，主要原因为低产（6 731头）、不孕症（5 582头）、其他原因（4 928头），以及优秀奶牛出售（1 206头）。前两项低产和不孕症原因淘汰均为主动淘汰。

产后60天、30天内死淘汰原因将在下节进行分析。

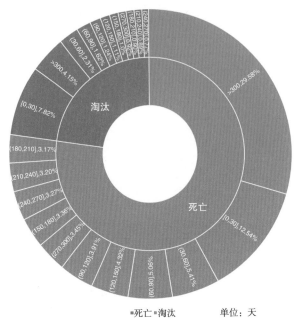

a. 不同死淘类型

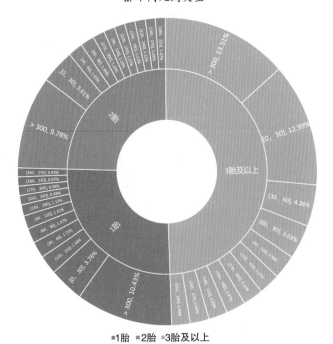

b. 不同胎次

图4-3　不同死淘类型和不同胎次分组下死淘阶段分布占比

对94 907条死淘记录按死淘原因进行统计（表4-1、图4-4），可见占比最高的5种死淘原因为低产（13.3%）、不孕症（6.3%）、滑倒卧地不起（劈叉）（5.2%）、肺炎（4.4%）与乳房炎（4.4%），其中"其他"原因占比高达17.4%，主要原因是没有具体死淘原因，因此建议尽量确定牛只疾病原因，录入完整死淘信息。

表4-1　占比最高15种死淘原因的死淘数量及占比

序号	死淘原因	死淘头数（头）	死淘占比（%）
1	低产	12 586	13.3
2	不孕症	6 020	6.3
3	滑倒卧地不起（劈叉）	4 926	5.2
4	肺炎	4 172	4.4
5	乳房炎	4 145	4.4
6	肠炎	4 122	4.3
7	优秀奶牛出售	3 275	3.5
8	真胃左方变位（LDA）	2 049	2.2
9	产后瘫痪	2 031	2.1
10	关节疾病	1 971	2.1
11	真胃炎	1 923	2.0
12	酮病	1 904	2.0
13	蹄病	1 447	1.5
14	子宫肌瘤	1 186	1.2
15	其他	16 530	17.4
合计		68 287	72.0

对主要的淘汰原因与死亡原因进行分类统计（图4-4、图4-5），可见占比超过5%的死亡原因为肠炎（7.8%）、肺炎（7.7%）、滑倒

卧地不起（劈叉）（5.8%）、乳房炎（5.1%），占比超过5%的淘汰原因为低产（17.2%）、不孕症（8.2%）、滑倒卧地不起（劈叉）（5.0%）。

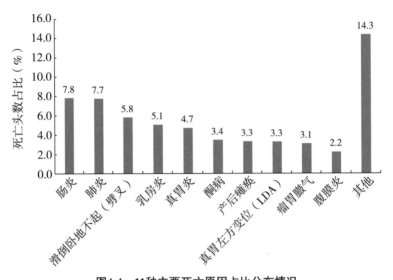

图4-4　11种主要死亡原因占比分布情况

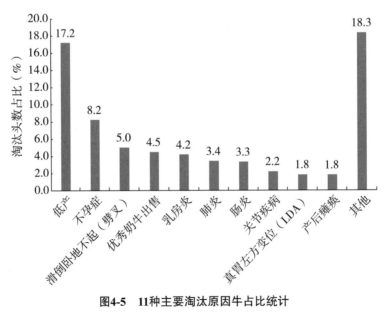

图4-5　11种主要淘汰原因牛占比统计

第二节　产后60天与产后30天死淘率

通常泌乳牛在产后第6～12周达到泌乳高峰期，牛只健康度过产后60天、产后30天对于奶牛利用价值最大化具有重要的意义，所以成功的产后牛管理策略对于牧场盈利具有重要的意义。产后60天、产后30天死淘率即为评价产后健康管理方案是否成功的重要指标。

产后60天死淘率，即牛只产犊后60天内的死淘比例，计算公式见式（4-4）。

$$产后60天死淘率（\%）=\frac{产犊牛产后60天（含）内死淘事件数}{产犊牛事件总数}\times100\quad（4-4）$$

产后30天死淘率，即牛只产犊后30天内的死淘比例，计算公式见式（4-5）。

$$产后30天死淘率（\%）=\frac{产犊牛产后30天（含）内死淘事件数}{产犊牛事件总数}\times100\quad（4-5）$$

在死淘数据统计中，已经可以看到，产后60天死淘牛只约占全部成母牛死淘头数的28%（26 641/94 907），其中产后30天死淘牛只约占产后60天死淘牛只72.5%（19 318/26 641）。

对204个牧场产后60天死淘率进行统计分析（图4-6），可见产后60天死淘率平均值为6.9%，中位数为6%，四分位数范围5%～9%（50%最集中牧场的分布情况），最高为19.5%，最低为1%，产后60天死亡率中位数2%，平均值为2.4%，四分位数范围1%～3%，最高为8%，最低为0.1%；产后60天淘汰率中位数为4%，平均数为4.6%，四分位数范围2%～6%，最高为17.5%，最低为0.1%。

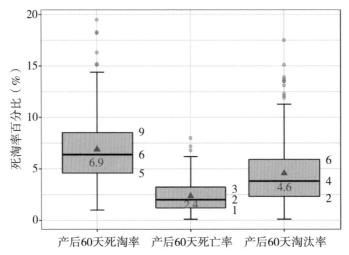

图4-6　各牧场产后60天死淘率分布情况（*n*=204）

对产后60天内的死淘原因进行统计（图4-7），最主要的几个原因包括：产后瘫痪、酮病、真胃左方变位、滑倒卧地不起（劈叉）、肠炎和乳房炎，后面的章节将对乳房炎和产后代谢疾病分别进行分析。

对202个牧场产后30天死淘率进行统计分析（图4-8），可见产后30天死淘率平均值为5%，中位数为4%，四分位数范围3%～6%（50%最集中牧场的分布情况），最高为15.7%，最低为0.8%。产后30天死亡率中位数2%，平均值为1.8%，四分位数范围1%～3%，最高为7.3%，最低为0.1%；产后30天淘汰率中位数为3%，平均数为3.2%，四分位数范围1%～4%，最高为11.9%，最低为0.1%。

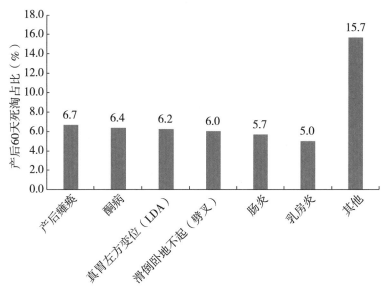

图4-7 产后60天主要死淘原因头数及分布占比（ *n*=26 629 ）

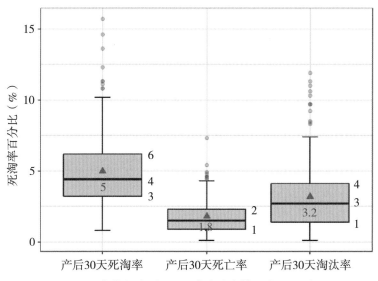

图4-8 各牧场产后30天死淘率分布情况（ *n*=202 ）

对产后30天内的死淘原因进行统计（图4-9），可见最主要的原因包括：产后瘫痪、酮病、真胃左方变位、滑倒卧地不起（劈叉）、肠炎、肺炎和乳房炎。

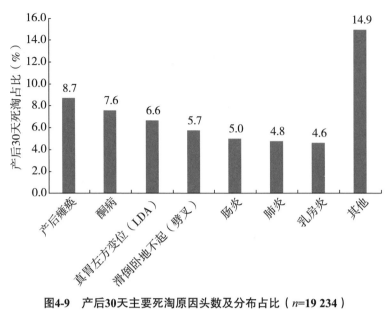

图4-9　产后30天主要死淘原因头数及分布占比（*n*=19 234）

第三节　年度乳房炎发病率

众所周知，乳房炎是一种关于乳腺感染的疾病。乳房炎是造成奶牛养殖业经济损失最大的疾病，美国国家乳房炎防治委员会十年前统计因乳房炎平均每年每头奶牛损失超过200美元，乳房炎引起的损失占牛奶生产过程中损失的70%，这还不包括治疗费、抗生素奶丢弃、治疗人力成本、淘汰牛和死亡牛。乳房炎的高发病率主要归咎于管理不完善、挤奶程序不合理及对产奶量的过度追求。

计算乳房炎发病率时，区分统计了成母牛乳房炎发病率及泌乳牛乳房炎发病率计算公式分别见式（4-6）和式（4-7）。

$$\text{成母牛乳房炎发病率}（\%）=\frac{\text{统计日期区间内乳房炎事件登记头数}}{\text{统计日期区间内成母牛平均饲养头日数}}\times 100 \quad （4\text{-}6）$$

$$泌乳牛乳房炎发病率（\%） = \frac{统计日期区间内乳房炎事件登记头数}{统计日期区间内泌乳牛平均饲养头日数} \times 100 \quad （4\text{-}7）$$

计算过程中，同一牛只在同一胎次多次发病算一头，同一牛只在不同胎次发病时算两头。

在189个可供乳房炎分析的牧场，对这些牧场的年度乳房炎发病率进行统计（图4-10），可见成母牛乳房炎发病率中位数12%，平均值14.7%，四分位数范围6%～21%（50%最集中牧场的分布情况），最高49.9%，最低0.2%；泌乳牛乳房炎发病率中位数14%，平均值16.8%，四分位数范围7%～24%，最高57%，最低0.3%。189个牧场当中，有1个牧场成母牛乳房炎发病率大于泌乳牛乳房炎发病率，发生这种情况是由于干奶时或者干奶后有乳房炎揭发，发生这种情况也反映出牧场存在泌乳期乳房炎揭发的滞后性问题。

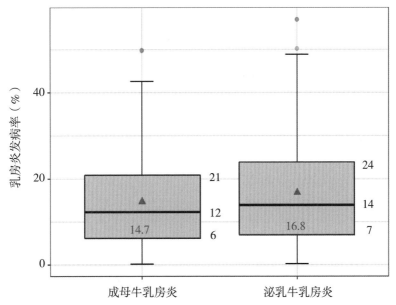

图4-10 牧场年乳房炎发病率分布情况统计（n=189）

第四节　产后代谢病发病率

在妊娠阶段，母牛要供给犊牛所需要的一切营养物质，所以自身各种激素会保持很高的水平，并且有可能动用自身的营养物质，这就抑制了母牛自身的防御体系，而产犊时母牛又可能消耗大量能量，就可能产生各种应激情况，随之而来的就是可能发生各种代谢性疾病，常见的包括胎衣不下、子宫炎、酮病、产后瘫痪、真胃移位等。

产后代谢病发病率的计算公式见式（4-8）。

$$产后代谢病发病率（\%）=\frac{产后30天内（含）对应疾病事件登记头数}{产犊事件总数}\times100 \quad （4-8）$$

式中，同一牛只在同一胎次多次发病算一头，同一牛只在不同胎次发病时算两头。

排除数据为0的牧场，对于各产后代谢病的发病率进行统计，统计结果如图4-11及表4-2所示。结果可见，中国牧场牛只产后有更高的风险发生胎衣不下及子宫炎的情况。

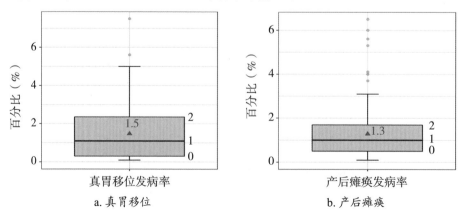

a.真胃移位　　　　　　　b.产后瘫痪

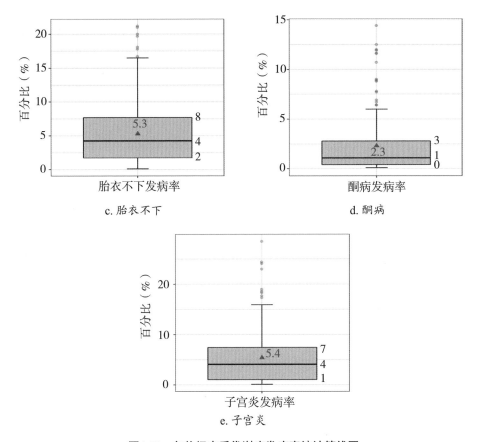

c. 胎衣不下

d. 酮病

e. 子宫炎

图4-11 各牧场产后代谢病发病率统计箱线图

表4-2 各牧场产后代谢病发病率统计结果

项目	牧场个数（个）	最大值（%）	最小值（%）	中位数（%）	平均值（%）
真胃移位发病率	147	7.50	0.10	1.10	1.46
产后瘫痪发病率	158	6.50	0.10	1.00	1.28
胎衣不下发病率	182	21.20	0.10	4.25	5.31

（续表）

项目	牧场个数 （个）	最大值 （%）	最小值 （%）	中位数 （%）	平均值 （%）
酮病发病率	153	14.40	0.10	1.10	2.32
子宫炎发病率	174	28.50	0.10	4.10	5.41

第五节　平均干奶天数及产前围产天数

干奶天数指牛只从干奶到产犊时所经历的天数；产前围产天数指牛只从进入围产牛舍到产犊时的天数。

成功分娩和实现奶牛价值最大化的关键在于干奶期的成功饲养，其中围产期则起着更加重要的决定性作用。为保证奶牛有足够的营养物质供给犊牛发育，需保证奶牛足够长的干奶期及产前围产期，所以通常需要牧场持续监测及评估牛群的干奶天数及产前围产天数，这些指标通常可以反映出牛群围产期管理的好坏并与牛群产后的健康状况显著相关。理想的干奶天数为60天左右，围产天数为21天左右，对牧场管理者而言，应当希望更多的牛只分布在这个范围当中。由于平均值的局限性，所以平均值仅作为参考，对于不同牛群之间的比较，平均值也仅可作为参考，如果想更好地评估干奶天数或者产前围产天数是否合理，应该深入查看牛群的产前围产天数分布范围情况（图4-12）。

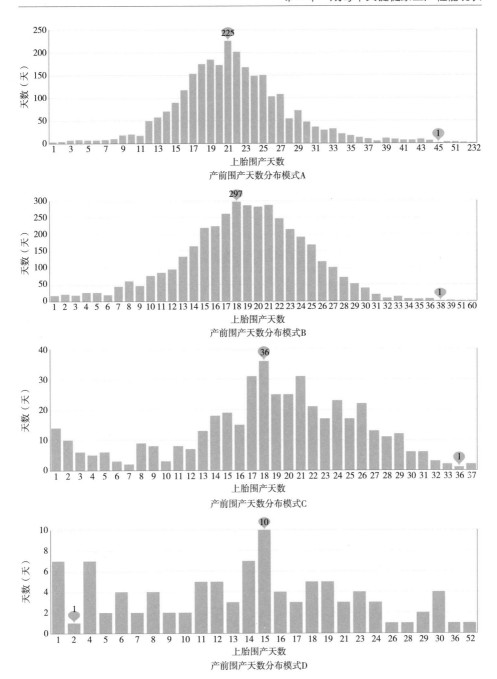

图4-12　几种不同的产前围产天数分布模式

注：A、B为理想的产前围产天数分布情况；C、D为不理想的产前围产天数分布情况。

在167个可进行围产天数分析的牧场，对这些牧场截至2020年12月31日所有在群牛只产前围产天数平均值进行统计（图4-13），可见平均产前围产天数中位数23天，平均值22天，四分位数范围20～25天（50%最集中牧场的分布情况），最高38天，最低10天。

167个牧场当中，有一个牧场平均产前围产天数低至10天，核查牧场具体原因后发现，该牧场成母牛转围产天数参数设置为260天（即怀孕天数达到260天时转围产），但因为牧场转群为批量转群，所以多数牛只怀孕天数已超过270天才转围产，导致围产到产犊的时间多为10天左右。建议围产天数设置较大的牧场，及时转群或适当调整围产调群预警天数至255天左右，以保证牛只产前围产天数在21天左右。

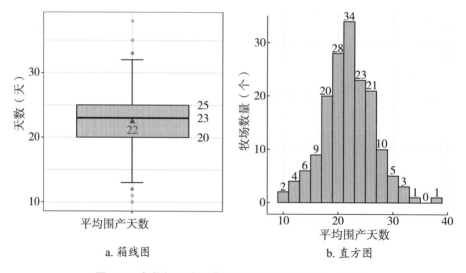

a. 箱线图　　　　　　　　b. 直方图

图4-13　各牧场平均围产天数分布情况统计（n=167）

当平均干奶天数过长时，通常是由于牧场存在较多的非正常干奶牛，导致统计数字偏大，而当平均干奶天数过短时，通常是由于牧场存在较大比例的流产或者早产牛只。

在205个可进行干奶天数分析的牧场中，对这些牧场截至2020年12月31日所有在群牛只上胎干奶天数平均值进行统计（图4-14），可见平均干奶天数中位数63天，平均值65天，四分位数范围59~70天（50%最集中牧场的分布情况），最高96天，最低25天。

205个牧场当中，有1个牧场平均干奶天数低至25天，核查牧场具体原因后发现，该牧场截止统计日时干奶牛只仅有2头为2胎牛，1头牛只推后干奶，1头牛只于2021年1月产犊，统计数据截止日时未统计在内，其余22头均为1胎牛，还未进入第2胎，无上胎干奶天数数据，所以平均干奶天数异常。

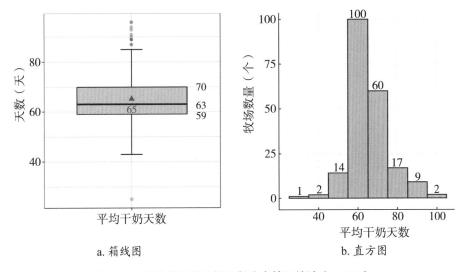

a. 箱线图　　　　　　　　　　b. 直方图

图4-14　各牧场平均干奶天数分布情况统计（*n*=205）

第六节　流产率

流产，或称妊娠损失（Pregnant loss），是由于胎儿或者母体的生理过程发生扰乱，或它们之间的正常关系受到破坏，而使怀孕中断，一般指怀孕42~260天的妊娠中断、胎儿死亡。

$$\text{成母牛流产率（全）（\%）} \frac{\text{成母牛配种事件中配种}}{\text{结果为流产事件数}} \times 100 \qquad （4\text{-}9）$$

$$\text{青年牛流产率（全）（\%）} \frac{\text{青年牛配种事件中配种}}{\text{结果为流产事件数}} \times 100 \qquad （4\text{-}10）$$

对213个牧场成母牛流产率（全）[①]和207个牧场青年牛流产率（全）进行统计，结果如图4-15和图4-16所示。成母牛流产率（全）最高为36%，最低为2%，平均值为16.2%，中位数为16%，四分位数范围11%～20%（50%最集中牧场的分布情况）；青年牛流产率（全）最高为32%，最低为1%，平均值为7.6%，中位数为7%，四分位数范围4%～9%（50%最集中牧场的分布情况）。

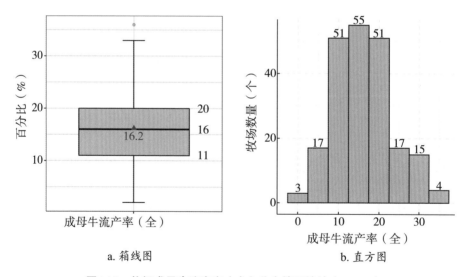

a. 箱线图　　　　　　　　b. 直方图

图4-15　牧场成母牛流产率（全）分布情况统计（n=213）

---

① 全为包含复检空怀的意思，为了与系统保持一致。

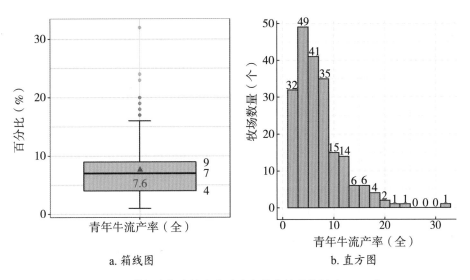

a. 箱线图　　　　　　　　　b. 直方图

图4-16　牧场青年牛流产率（全）分布情况统计（*n*=207）

第五章 关键产奶生产性能现状

牧场的生产管理水平最终体现在牧场的产奶量表现，产奶量是牧场盈利能力及生产管理水平的最终评估标准。本章重点分析了各牧场的成母牛平均单产、高峰泌乳天数、高峰产量及305天成年当量等分布情况。

第一节　平均单产

在奶牛场生产数据中，产奶量的数据来源众多，主要包括手动测产（DHI测产）、自动化挤奶软件自动测产，以及每天奶罐记录到的总奶量，均可以用来计算牧场牛群单产。这里主要统计了人工计量的产奶量（DHI测试时手抄或者导出奶量）。对于平均单产的计算方式，在此也进行说明。

成母牛平均单产：所有泌乳牛的日产奶量总和，除以全群成母牛头数（注意包含干奶牛），这样计算的目的在于将牧场的整个成母牛群作为一个整体进行评估，因为干奶牛虽然不产奶，但其处于成母牛泌乳曲线循环内的固定一个环节，属于正常运营牧场成本的一部分，且其采食量基本等于成母牛的平均维持营养需要，计算成母牛平均单产的意义是全面评估牧场盈利能力。

泌乳牛平均单产：所有泌乳牛的日产奶量总和，除以全群泌乳牛头数，计算得到的为泌乳牛平均单产，泌乳牛平均单产主要反映出牛群在对应的泌乳天数是否能发挥其应有产奶潜能，同时也是反映牧场管理水平的重要指标（表5-1）。从已有样本中，共筛选获得155个牧场有测产数据的导入与持续更新，对其产奶量数据进行统计，其分布情况如图5-1所示。结果可见成母牛平均单产的平均值为27.0千克，最高为36.6千克，泌乳牛平均单产的平均值为31.0千克，最高值为41.6千克。成母牛单产及泌乳牛单产的差异平均为3.9千克，差异最大的牧场差异为7.6千克，差异最小的牧场差异为0.1千克。所以在统计平均单产时明确计算方法具有重要意义。

表5-1　牧场区域分布及平均单产表现（n=155）

区域	牧场数量（个）	成母牛平均单产（千克）	泌乳牛平均单产（千克）
宁夏	55	28.0	31.4
黑龙江	24	27.5	31.9
新疆	17	22.6	27.4
广东	10	23.7	27.2
河北	9	30.1	34.4
甘肃	8	29.1	33.3
山东	6	27.4	31.0
陕西	5	29.9	34.3
内蒙古	5	27.8	32.1
安徽	4	27.8	31.9
北京	3	24.3	29.2

（续表）

区域	牧场数量（个）	成母牛平均单产（千克）	泌乳牛平均单产（千克）
广西	2	27.9	31.7
天津	2	25.4	27.0
江苏	2	24.1	27.4
青海	1	19.2	24.1
四川	1	30.2	34.0
山西	1	26.0	29.8
总计	155	26.5（平均）	30.5（平均）

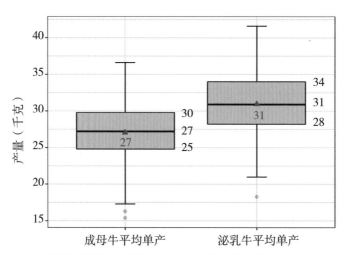

图5-1 牧场成母牛平均单产及泌乳牛平均单产分布情况统计（*n*=155）

　　对不同胎次的泌乳牛单产进行统计（图5-2），结果可见头胎牛平均单产的平均值为28.9千克，最高为40.5千克，经产牛平均单产的平均值为32.5千克，最高值为43.8千克。经产牛平均单产比头胎牛平均单产高3.6千克，以最高值进行比较，经产牛平均单产最高的牧场比头胎牛平均单产最高的牧场单产高3.3千克。

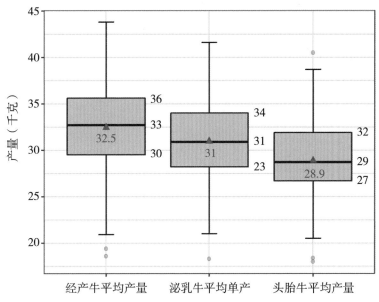

图5-2　不同胎次泌乳牛平均单产分布情况统计（*n*=155）

第二节　高峰泌乳天数

　　高峰泌乳天数，指对泌乳牛群按泌乳天数进行分组统计平均单产，统计其平均单产最高时的泌乳天数，即为牛群的高峰泌乳天数，根据奶牛泌乳生理规律，通常奶牛在产后40～100天可达其泌乳高峰期。排除掉历史产奶数据异常的牧场，对127个牧场进行高峰泌乳天数统计（图5-3），结果可见，高峰泌乳天数平均为92天，中位数为84天，50%最集中的牧场分布于70～105天；按胎次进行区分，头胎牛高峰泌乳天数平均为91天，中位数为84天，50%最集中牧场分布于70～105天，经产牛高峰泌乳天数平均为56天，中位数为56天，50%最集中牧场分布于49～63天。

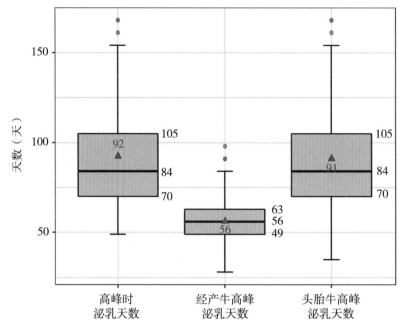

图5-3　牧场高峰泌乳天数分布箱线图（*n*=127）

第三节　高峰产量

排除掉历史产奶数据异常的牧场，对155个牧场进行高峰产量统计（图5-4），泌乳牛高峰产量的平均值为43.5千克/天，中位数为44千克/天，最高值为58千克/天，50%最密集的牧场高峰产量分布于39～47千克；按胎次进行区分，头胎牛高峰产量平均值为35.7千克，中位数为36千克，最高值为52.5千克；经产牛高峰产量平均值为43.3千克，中位数为44千克，最高值为58.1千克。在评估牧场高峰泌乳天数及高峰产量时，可参考一牧云统计结果进行参照比对。

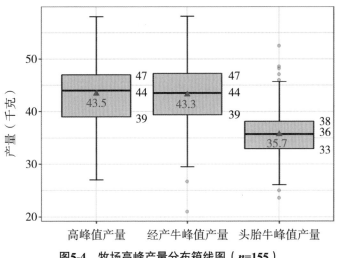

图5-4 牧场高峰产量分布箱线图（*n*=155）

第四节 305天成年当量

产奶量作为牧场主要收入来源之一，同时也是评估奶牛泌乳性能高低的重要指标，其重要性不言而喻。通常，牧场内多数泌乳牛泌乳天数不同，胎次也分头胎牛，经产牛（2胎及以上），对于牧场管理者而言，很难统一标准来评估奶牛个体泌乳性能。为了使不同胎次的产奶量具有可比性，需要将胎次进行标准化，因此将不同胎次的产奶量校正到第5胎的产奶量。校正方法说明，将牛只当前胎次累积奶量乘以对应泌乳天数校正系数，得到当前胎次校正305天奶量，之后再乘以对应胎次校正系数，1胎（1.150 4）、2胎（1.001 1）、3胎（0.975 0）、4胎（0.973 0）、5胎（1.000 0）、6胎（1.046 8），校正到牛只达到第5胎时的305天奶量（即成年当量）。

对157个牧场进行305天成年当量统计（图5-5），305天成年当量的平均值为8 310千克，中位数为8 332千克，最高值为12 028

千克，最低值为3 674千克，50%最密集的牧场高峰产量分布于
7 185~9 130千克。

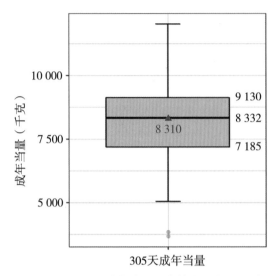

图5-5　牧场305天成年当量分布箱线图（*n*=157）

第六章 后备牛关键繁育性能现状

后备牛是牧场的未来，后备牛繁育性能表现好坏，决定了牧场的成母牛群能否得到及时的补充，并且后备牛繁育效率的高低直接决定了牧场的后备牛成本。本章对后备牛繁殖管理中常见的指标，诸如：青年牛21天怀孕率、青年牛配种率、青年牛受胎率、平均首配日龄、平均受孕日龄、17月龄未孕占比等指标分别进行了统计分析及说明。

第一节　青年牛21天怀孕率

排除没有后备牛及后备牛资料不全的牧场，对207个牧场的青年牛21天怀孕率进行统计汇总，其分布情况如图6-1所示。平均值为27.5%，中位数为27%，四分位数范围19%～34%（50%最集中牧场的分布情况）高于2019年度（怀孕率平均值为21.7%，中位数为20%）。

对不同规模牧场的青年牛21天怀孕率表现进行分组统计分析（表6-1），可以看到，几个存栏规模分组中，青年牛怀孕率变化情况与成母牛基本一致，牧场规模越大，平均怀孕率水平则越高，反映出大型牧场相对完善的繁育流程与相对标准的操作规程和一线执行能力。同时也可以看出小牧场具有较大的繁育提升空间。

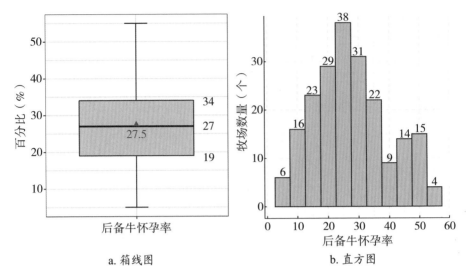

a. 箱线图　　　　　　　　b. 直方图

图6-1　牧场青年牛21天怀孕率分布情况统计（*n*=207）

表6-1　不同群体规模牧场青年牛21天怀孕率统计结果（*n*=207）

存栏规模（头）	牧场数量（个）	牧场数量占比（%）	平均值（%）	中位数（%）	最大值（%）	最小值（%）
<1 000	58	28.0	20.33	20.00	50.00	5.00
1 000～1 999	72	34.8	27.00	27.00	53.00	5.00
2 000～4 999	47	22.7	28.96	27.00	54.00	8.00
≥5 000	30	14.5	40.53	43.50	55.00	6.00
总计	207	100.0	27.54	27.00	55.00	5.00

第二节　青年牛配种率

对200个牧场的青年牛配种率进行统计汇总，其青年牛配种率分布情况如图6-2所示。平均值为45.3%，中位数为46%，四分位数范围29%～62%（50%最集中牧场的分布情况），最大值为80%，最小值为7%。结果可见牛群之间青年牛配种率范围为7%～80%，牧场之间的差异巨大，表现出青年牛繁育管理得不完善与巨大提升空间。

配种率超过70%的共有32个牧场，这32个牧场的平均怀孕率可达43%，高配种率为高怀孕率提供了保障。但在这32个牧场中，一个配种率较高的牧场其怀孕率却比较低（配种率为78%，受胎率为39%，怀孕率为33%），分析其原因，主要是配种方式中自然发情和定时输精方式的受胎率较低，≤36%，建议结合发情检测设备，在青年牛最佳的发情时间进行配种，并做好青年牛同期流程，提高配种受胎率。

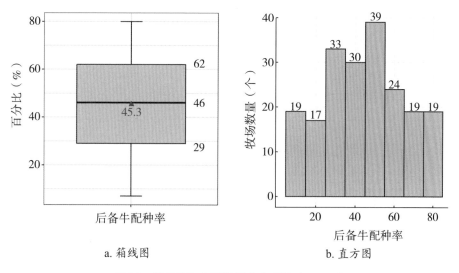

a. 箱线图　　　　　　　　　　　b. 直方图

图6-2　牧场青年牛配种率分布情况（n=200）

对不同规模群体的青年牛配种率表现进行分组统计（表6-2），可以看到，几个存栏规模分组中，牧场规模越大，平均配种率水平则越高。这个结果与怀孕率表现情况基本一致，同样反映出大型牧场相对完善的繁育流程与相对标准的操作规程。各分组配种率最大值反映出，优秀的配种率表现与群体规模并无显著关系，任何规模的群体均可取得优秀的配种率表现。

表6-2　不同群体规模牧场青年牛配种率统计结果（n=200）

存栏规模 （头）	牧场数量 （个）	牧场数量占比 （%）	平均值 （%）	中位数 （%）	最大值 （%）	最小值 （%）
<1 000	61	30.5	34.97	32.00	76.00	7.00
1 000～1 999	72	36.0	46.32	48.00	79.00	10.00
2 000～4 999	43	21.5	47.42	50.00	79.00	11.00
≥5 000	24	12.0	64.71	75.00	80.00	12.00
总计	200	100.0	45.30	46.00	80.00	7.00

第三节　青年牛受胎率

对200个牧场的青年牛受胎率进行统计，分布情况如图6-3所示。所有牧场中，青年牛受胎率平均为55.4%，中位数为55%，四分位数范围50%～61%（50%最集中牧场的分布情况），最高为83%，最低为37%。从图6-3中可以看出，青年牛受胎率表现的分布情况基本近似正态分布，以5%距离作为横坐标进行统计，可见最多的牧场受胎率分布于55%～60%，青年牛相对较高的受胎率，为青年牛取得高怀孕率成为了可能（青年牛怀孕率最高的牧场可达54%）。通过统计数据可见，当一个牧场同时拥有超过55%的受胎率及超过60%的配种率时，基本可以保证青年牛群超过34%的怀孕率。

对不同群体规模的青年牛受胎率表现进行分组统计（表6-3），可以看到不同规模分组的平均受胎率并无显著差异，表明后备牛怀孕率的高低最主要的因素为配种率的差异。同时通过数据可以反映出，规模越大的牧场，组内的差异相对越小，反映出大型牧场相对规范的繁育操作流程。

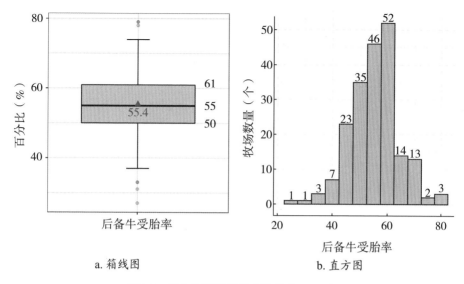

a. 箱线图　　　　　　　　　　　b. 直方图

图6-3　青年牛受胎率分布情况（ _n_=200 ）

表6-3　不同规模群体的受胎率表现（ _n_=200 ）

存栏规模（头）	牧场数量（个）	牧场数量占比（%）	平均值（%）	中位数（%）	最大值（%）	最小值（%）
<1 000	57	28.5	54.35	54.00	79.00	27.00
1 000～1 999	65	32.5	55.03	54.00	74.00	33.00
2 000～4 999	48	24.0	56.65	57.00	78.00	40.00
≥5 000	30	15.0	56.37	57.50	65.00	42.00
总计	200	100.0	55.43	55.00	79.00	27.00

第四节　平均首配日龄

　　青年牛平均首配日龄可反映出牧场后备牛饲养情况及首次配种的策略，计算方法为截至当日青年牛中所有有配种记录的平均首配日龄。对204个牧场的平均首配日龄进行统计（图6-4）。结果可见所有牧场的平均首配日龄平均为442天，中位数428天，换算为月龄约为14.2月龄进行首次配种，四分位数范围413～458天（为13.7～15.2月龄）。

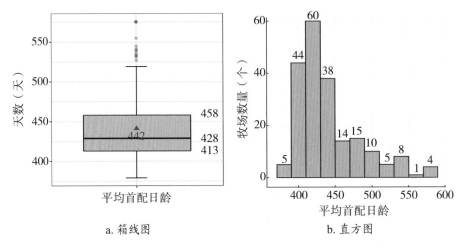

a. 箱线图

b. 直方图

图6-4 牧场平均首配日龄分布情况统计（*n*=204）

排除2个未设置主动停配期牧场对其中202个牧场青年牛主动停配期统计发现，青年牛主动停配期参数设置最大值455天，最小值360天，平均值为411天，中位数415天，青年牛主动停配期平均值低于首配日龄均值，两指标之间差值平均值为31天，也就是实际生产中青年牛首配日龄较主动停配期长1个月。因此，建议牧场根据青年牛实际生长发育情况，设定青年牛主动停配期，以保证青年牛在主动停配期前后及时配种。

第五节 平均受孕日龄

青年牛平均受孕日龄可用来反映牧场已孕后备牛群的繁殖效率以及对于首次产犊时日龄的影响，计算方法为所有在群怀孕后备牛怀孕时日龄的平均值。对199个牧场的平均受孕日龄进行统计（图6-5），结果可见所有牧场的平均受孕日龄平均为472天（15.7月龄），中位数461天（15.3月龄），四分位数范围438～499天（为14.6～16.6月龄）。

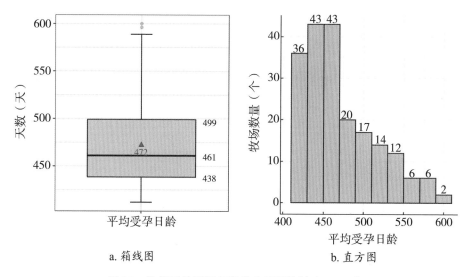

a. 箱线图   b. 直方图

图6-5 牧场平均受孕日龄分布情况统计（*n*=199）

第六节　17月龄未孕占比

通过对平均受孕日龄的统计可以看出，分布最密集的50%牧场平均受孕日龄在439～504天（为14.4～16.6月龄），依据这部分样本推算：一个盈利能力处于平均水平的牧场，其在17月龄时，大多数青年牛牛群应当都处于怀孕状态，超过17月龄未怀孕的比例即可认为是繁育问题牛群比例或繁殖方案不理想的评估标准，17月龄未孕比例的计算公式见式（6-1）。

$$17月龄未孕比例（\%）=\frac{17月龄（含）以上未孕牛只总数}{17月龄（含）以上牛只总数}\times100 \qquad （6\text{-}1）$$

式中，月龄计算时取值取牛只自然月龄。

对截至当前198个牧场的17月龄未孕占比进行统计（图6-6），结果显示17月龄未孕占比平均为14.5%，中位数为11%，四分位数范围为6%～19%（50%最集中牧场的分布情况）。

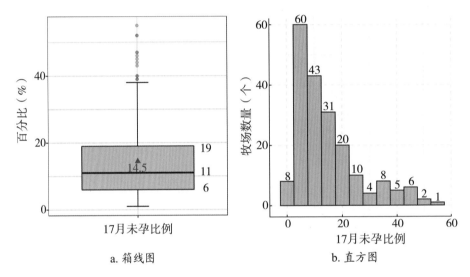

a. 箱线图　　　　　　　　b. 直方图

图6-6　17月龄未孕占比分布情况（n=198）

第七章 后备牛关键生产性能现状

后备牛的健康与生长发育对未来牧场的发展起到至关重要的作用。不论成母牛当前生产与繁育水平有多高，但随着时间的延长，成母牛终将淘汰或死亡，优秀的后备牛将继承成母牛优良的基因，在牧场标准化的管理、饲养与健康护理下，继续发挥着高水平的繁殖与产奶性能。因此牧场对后备牛的关注也日益增加。本章选取了几个后备牛饲养管理（包括产房的管理）中最关键的参考指标进行统计，包括60日龄死淘率，60～179日龄死淘率、后备牛死淘率，其中进一步具体分析各阶段死淘原因；死胎率具体区分出头胎牛及经产牛死胎率差异；60日龄肺炎及腹泻发病率进行分享及参考说明；日增重，包括断奶日增重、转育成日增重、转参配日增重。

第一节　60日龄死淘率

后备牛的损失，主要发生在哺乳犊牛阶段，牛只从出生到断奶阶段，处于正在建立自身免疫系统、完善消化系统以及适应外界自然环境的重要阶段，通常牛只顺利断奶后直到配种前，几乎不会发生死亡淘汰情况，所以哺乳犊牛饲养阶段就起着异常关键的作用，因为牛只出生后通常在55～70日龄进行断奶，所以以60

日龄进行划分，假设60日龄以内牛只均处于哺乳犊牛阶段，并且重点针对60日龄犊牛的死淘情况进行追踪分析（图7-1，后备牛死淘占比中，60日龄以内占比高达60%）。

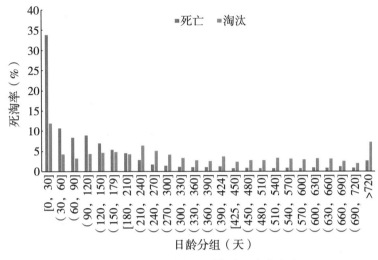

图7-1　不同日龄分组下后备牛死淘率占比

对于犊牛死淘率的计算方法，通常包括基于月度饲养头数、基于月度出生头数或月度死亡头数3种计算方法，所以在评估该指标时，明确计算方法非常重要，可以保证与犊牛人员沟通时处于同一频道。

根据数据可追溯及可挖掘的原则，60日龄死淘率计算方法基于犊牛出生日期，即当月出生的犊牛，在其超过60日龄前死淘的比例（因基于出生日期进行追踪，所以在统计该指标时，会有2个月的滞后性）。

具体的计算公式见式（7-1）。

$$60日龄死淘率（\%）= \frac{留养母犊60日龄内（含）死淘数}{产犊留养母犊总数} \times 100 \qquad （7-1）$$

对192个牧场的60日龄死淘率进行统计分析（图7-2），可见60日龄死淘率均值为7.6%，中位数为5%，四分位数范围为3%～10%（50%最集中牧场的分布情况）；其中60日龄淘汰率均值为2.2%，中位数为1%，四分位数范围为0%～2%；60日龄死亡率均值为5.5%，中位数为4%，四分位数范围2%～7%。统计结果中看出，60日龄死亡率及淘汰率，均处于一种偏态分布的形式，即多数牧场都处于较低的水平，但存在一部分牧场指标远超统计范围内的离群点，而这些离群点将平均值带到了较高水平。同时，根据箱线图统计结果可见，犊牛60日龄内的损失，死亡损失占比更高一些，淘汰牛只相比占比较低。

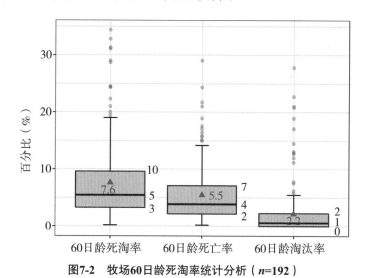

图7-2　牧场60日龄死淘率统计分析（*n*=192）

按哺乳犊牛死亡、淘汰牛只主要死淘阶段分布情况如图7-3所示，11 662头死淘牛只中有62.06%的牛只为死亡，37.94%的牛只为淘汰，其中47.16%的哺乳犊牛在30日龄以内死亡（5 500头），27.96%的哺乳犊牛在30日龄以内淘汰（3 260头）。

对11 662条哺乳犊牛死淘记录按死淘原因进行统计（图7-4），可见占比最高的5种死淘原因为肠炎（18.0%）、犊牛观察期内离场（13.8%）、肺炎（10.1%）、优秀奶牛出售（6.7%）与黏液囊疾病（4.2%），其中"其他"原因占比高达24.0%，主要原因是没有具体死淘原因，因此建议尽量确定牛只疾病原因，录入完整死淘信息。

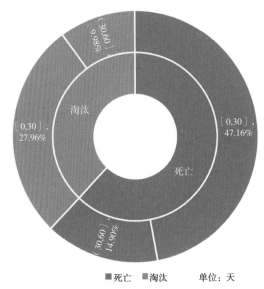

图7-3 哺乳犊牛不同死淘类型下主要阶段分布占比

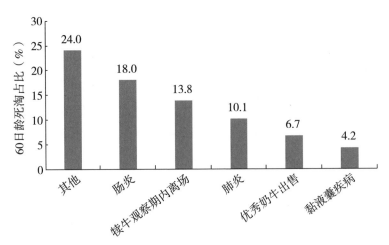

图7-4 哺乳犊牛死淘记录中主要死淘原因占比

第二节　60～179日龄死淘率

60～179日龄死淘率可以直接反映出断奶后犊牛死亡、淘汰情况，结合死淘原因分析，可以挖掘出断奶后牛只死淘主要是由于哪些原因或疾病导致。从而为牧场提供断奶后60～179日龄的管理关注重点。

60～179日龄死淘率，计算公式见式（7-2）：

$$60\sim179\text{日龄死淘率（\%）} = \frac{\text{死淘时日龄在60～179日龄牛头数}}{\substack{60\sim179\text{日龄（断奶犊牛）}\\ \text{平均饲养头日}^{①}}} \times 100 \quad (7\text{-}2)$$

对153个牧场的60～179日龄死淘率进行统计分析（图7-5），可见60～179日龄死淘率均值为15.5%，中位数为12%，四分位数范围为8%～22%（50%最集中牧场的分布情况）；其中60～179日龄死亡率均值为10.4%，中位数为8%，四分位数范围为5%～13%（50%最集中牧场的分布情况）；60～179日龄淘汰率均值为5.1%，中位数为3%，四分位数范围1%～6%（50%最集中牧场的分布情况）。

按断奶犊牛死亡、淘汰牛只主要死淘阶段分布情况如图7-6所示，9 393头死淘牛只中有50.88%的牛只为死亡，49.12%的牛只为淘汰，其中29.78%的断奶犊牛在60～119日龄以内死亡（2 798头），27.46%的犊牛犊牛在120～179日龄以内淘汰（2 579头）。

---

① 饲养头日：为对应时间段内每日饲养头数之和除以对应天数，即平均每日饲养头数。

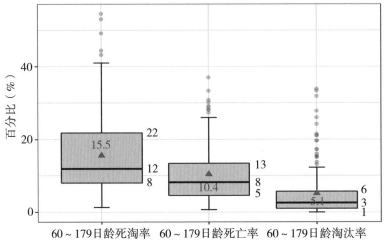

图7-5　牧场60～179日龄死淘率统计分析（*n*=153）

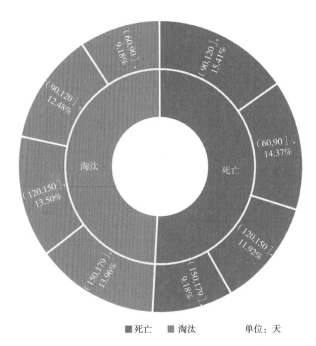

图7-6　断奶犊牛不同死淘类型下主要阶段分布占比

对9 393条断奶犊牛死淘记录按死淘原因进行统计（图7-7），可见占比最高的5种死淘原因为肺炎（24.6%）、优秀奶牛出售

（24.2%）、瘤胃臌气（9.4%）、肠炎（6.7%）与体格发育不良（2.0%），其中"其他"原因占比高达18.7%，主要原因是没有具体死淘原因，因此建议尽量确定牛只疾病原因，录入完整死淘信息。

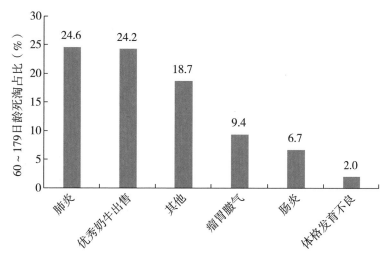

图7-7　断奶犊牛死淘记录中主要死淘原因占比

第三节　后备牛死淘率

一、育成牛死淘率

一般情况下，度过哺乳期和断奶期的犊牛，成为育成牛后，死淘率都相对较低，如果出现较高死淘率，就需要核实育成牛管理中哪里出现了问题，从而避免在育成期死淘过多，导致前期生产成本较高。

育成牛死淘率，计算公式见式（7-3）：

$$育成牛死淘率（\%）=\frac{死淘时日龄在180\sim424日龄牛头数}{\genfrac{}{}{0pt}{}{180\sim424日龄（育成牛）}{平均饲养头日}}\times100 \qquad （7\text{-}3）$$

对183个牧场育成牛死淘率进行统计分析（图7-8），可见育成牛死淘率均值为10%，中位数为6%，四分位数范围为4%~10%（50%最集中牧场的分布情况）。

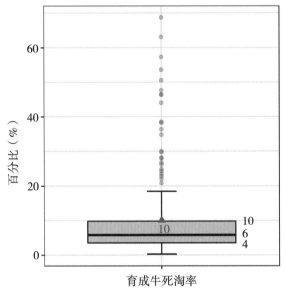

图7-8 牧场育成牛死淘率统计分析（*n*=183）

按育成牛死亡、淘汰牛只主要死淘阶段分布情况如图7-9所示，11 165头死淘牛只中有78.4%的牛只为淘汰，21.6%的牛只为死亡，其中48.5%的育成牛在180~300日龄淘汰（5 419头），13%的育成牛在180~270日龄死亡（1 457头）。

对11 165条育成牛死淘记录按死淘原因进行统计（图7-10），可见占比最高的5种死淘原因为优秀奶牛出售（36.6%）、肺炎（10.4%）、体格发育不良（8.7%）、肠炎（3.4%）与关节疾病

（2.9%），其中"其他"原因占比高达24.8%，主要原因是没有具体死淘原因，因此建议尽量确定牛只疾病原因，录入完整死淘信息。

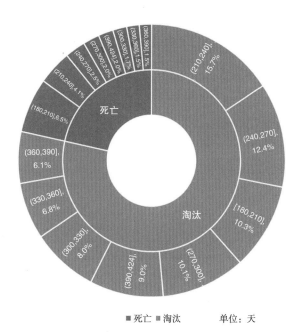

■死亡 ■淘汰　　　单位：天

图7-9　育成牛不同死淘类型下主要阶段分布占比

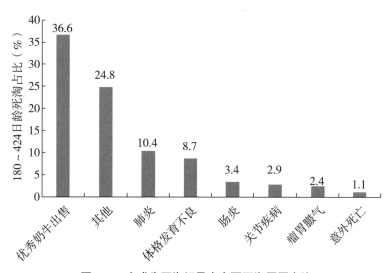

图7-10　育成牛死淘记录中主要死淘原因占比

二、青年牛死淘率

青年牛，即将配种，或已经配种怀孕，或空怀，无论处于什么状态下，这批青年牛多数都将是未来一年或半年以后为牧场开始创造价值的头胎泌乳牛，担负着给予牧场更换新鲜血液的职责。这阶段的牛只应处于较低的死淘率，较高的繁殖率（如配种率、受胎率），为冲刺第一次产犊做好充足的准备。

青年牛死淘率，计算公式见式（7-4）：

$$青年牛死淘率（\%）=\frac{死淘时日龄在425日龄（含）以上牛头数}{\substack{425日龄（含）以上\\（青年牛）平均饲养头日}}\times100 \quad（7\text{-}4）$$

对208个牧场青年牛死淘率进行统计分析（图7-11），可见青年牛死淘率均值为12%，中位数为10%，四分位数范围为6%~14%（50%最集中牧场的分布情况）。

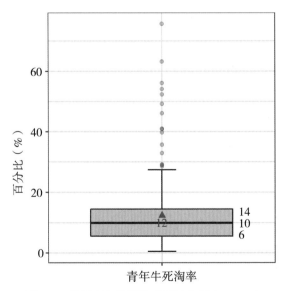

图7-11　牧场青年牛死淘率统计分析（*n*=208）

按青年牛死亡、淘汰牛只主要死淘阶段分布情况如图7-12所示，11 470头死淘牛只中有84.05%的牛只为淘汰，15.95%的牛只为死亡，其中17.25%的青年牛在720日龄以上淘汰（1 979头），其余阶段淘汰率也占比较高4.7%~7.9%，3.7%的青年牛在720日龄以上死亡（426头）。

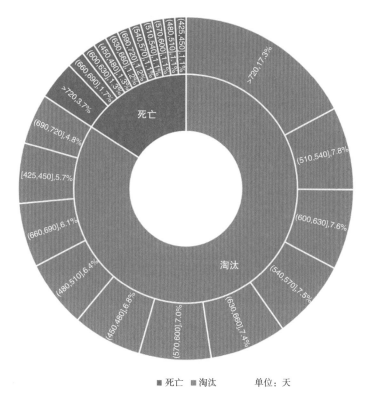

图7-12　青年牛不同死淘类型下主要阶段分布占比

根据11 470条青年牛死淘记录按死淘原因进行统计（图7-13），不孕症（14.9%）和优秀奶牛出售（9.3%）是青年牛死淘的最主要原因，其次为体格发育不良（5.6%）、20月龄以上未孕青年牛（4.5%）与肺炎（4.2%）。此外，"其他"原因占比高达26.0%，主要原因是没有具体死淘原因，因此建议尽量确定牛只疾病原因，录入完整死淘信息。

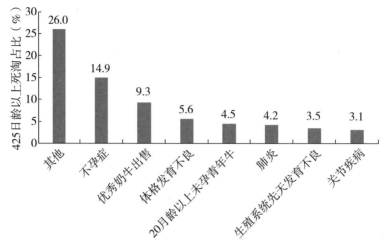

图7-13 青年牛死淘记录中主要死淘原因占比

第四节 死胎率

死胎率，即成母牛产犊后，出生犊牛中出生状态即为死胎的比例。死胎率通常可反映的内容包括干奶期及围产期的饲养管理水平，产房的接产流程及接产水平。死胎率计算方法为所有出生犊牛中状态为死胎的比例。

对190个牧场的死胎率进行统计分析（图7-14），结果可见全群死胎率平均为11.8%，中位数为10%，四分位数范围为7%～15%（50%最集中牧场的分布情况）；头胎牛死胎率平均为13.9%，中位数为11%，四分位数范围为7%～17%（50%最集中牧场的分布情况）；经产牛死胎率平均为10.8%，中位数为9%，四分位数范围为6%～13%（50%最集中牧场的分布情况）。统计结果表明，头胎牛死胎率相较经产牛死胎率平均高约3%（13.9%比10.8%），提示实际饲养过程中，青年牛首次产犊前，要有更长的围产期停留时间，以及接产时更加高的关注度。

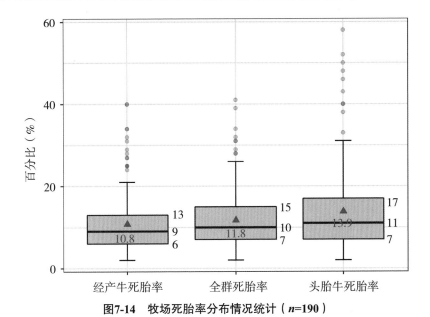

图7-14　牧场死胎率分布情况统计（*n*=190）

第五节　犊牛肺炎发病率

犊牛早期的疾病不仅影响犊牛的福利、健康和生长，且额外的管理、治疗、生长速度减慢和死亡都会造成盈利能力的降低。有研究表明，有肺炎特征的犊牛，其犊牛期的存活率以及未来的繁殖性能和生产性能都会受到长期的负面影响。

60日龄肺炎发病率，计算公式见式（7-5）：

$$60日龄肺炎发病率（\%）= \frac{留养母犊60天内（含）登记肺炎发病数}{产犊留养母犊总数} \times 100 \quad （7-5）$$

对128个有肺炎登记的牧场作为统计，其结果也仅供参考，实际发病率可能更高。统计结果表明，肺炎发病率平均为4.2%，中位数为2%，最大值为41.9%，最低为0.1%（图7-15）。

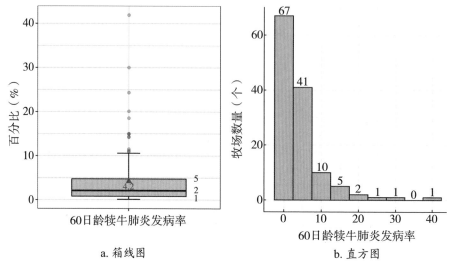

a. 箱线图   b. 直方图

图7-15　牧场60日龄肺炎发病风险情况统计（*n*=128）

第六节　犊牛腹泻发病率

犊牛腹泻是奶牛场面临的最主要健康问题之一，也是导致犊牛死亡的重要原因之一。犊牛腹泻不是单一疾病，而是多种病因引发的临床症候群。犊牛腹泻主要发生在产后第1个月内，关注犊牛腹泻发病率具有重要的意义。

60日龄犊牛腹泻发病率，计算公式见式（7-6）。

$$60日龄犊牛腹泻发病率（\%）=\frac{留养母犊60天内（含）腹泻发病数}{产犊留养母犊总数}\times100 \quad （7-6）$$

对有腹泻登记的128个牧场进行统计，其腹泻发病率统计情况如图7-16所示，可见腹泻发病率平均为14.9%，中位数为12%，最大值为49.2%，最小值为0.1%。

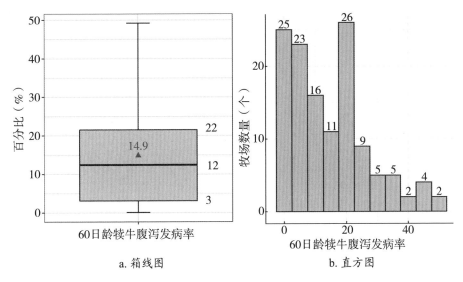

a. 箱线图　　　　　　　　b. 直方图

图7-16　牧场60日龄腹泻发病风险情况统计（*n*=128）

第七节　初生重与日增重

初生重是犊牛出生时的初始体重，这一重量的测量至关重要，一是可以了解出生犊牛体重是否过轻或超重，二是关系到今后各阶段日增重的计算。对有犊牛初生重登记的216个牧场筛选初生重5～70千克范围内的进行统计，由表7-1可看出犊牛初生重平均值为38.4千克，标准差6.9千克。公犊出生体重为40.2千克，高出母犊初生重37.0千克约3.2千克。公犊初生重标准差也大于母犊（7.3千克比6.2千克）。

表7-1　不同性别犊牛初生重描述性统计

性别	平均值（千克）	标准差（千克）	头数（头）	最大值（千克）	最小值（千克）
母犊	37.0	6.2	97 296	70	5
公犊	40.2	7.3	72 100	70	5
总体	38.4	6.9	169 396	70	5

　　由图7-17可以看出，犊牛初生重基本呈正态分布，多数犊牛初生重范围30～45千克。过重牛只（初生重超过50千克）占比较少，但过轻牛只（初生重低于25千克）占比较多。

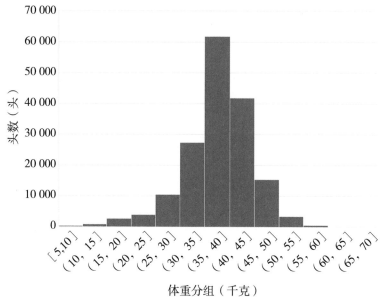

图7-17　犊牛体重分布直方图

　　由下图7-18可以看出不同出生月份犊牛初生重存在差异，2020年1—6月和11—12月出生的犊牛初生重相对较高（公犊初生重>39.7千克，母犊初生重>36.7千克），但7—10月出生的犊牛初生重相对较低，最高、最低初生重月份间差异公犊达3千克，母犊达2.3千克。猜测可能原因是怀孕母牛在妊娠后期（胎儿发育最快的时期）经历热应激期7—9月，受热应激影响，采食量减少，导致妊娠期营养不足，犊牛发育较差，尤其10月出生犊牛，呈现公犊、母犊初生重均最低的现象，原因是怀孕母牛妊娠后期经历了整个热应激。

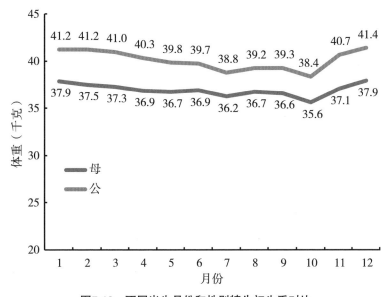

图7-18　不同出生月份和性别犊牛初生重对比

日增重是后备牛管理中最主要的关键点之一。从出生到断奶阶段、断奶到育成阶段、育成到青年（参配）阶段，牛只生长发育至关重要，只有后备牛群体处于良好的生长发育状态，疾病发病率就会降低，也为今后泌乳牛群打下基础。这里需要注意日增重=（某一阶段体重−初生重）÷日龄，不是每个称重阶段内日增重。

断奶日增重，计算公式见式（7-7）：

$$断奶日增重=\frac{称重时日龄在50\sim90天重量-初生重}{称重日期-出生日期} \qquad (7\text{-}7)$$

转育成日增重，计算公式见式（7-8）：

$$转育成日增重=\frac{称重时日龄在150\sim210天重量-初生重}{称重日期-出生日期} \qquad (7\text{-}8)$$

转参配日增重，计算公式见式（7-9）：

$$转参配日增重=\frac{称重时日龄在360\sim420天重量-初生重}{称重日期-出生日期} \qquad (7\text{-}9)$$

对有断奶体重登记的123个牧场进行统计，统计情况如图7-19所示，可见断奶日增重平均为863克/天，中位数为861克/天，最大值为1 301克/天，最小值为508克/天。

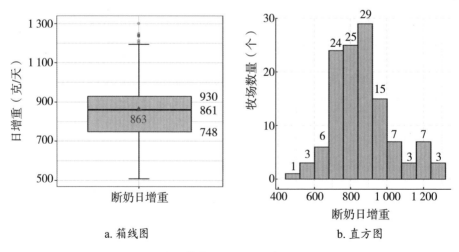

a. 箱线图　　　　　　　　　　b. 直方图

图7-19　牧场犊牛断奶日增重统计（n=123）

对有转育成体重登记的59个牧场进行统计，统计情况如图7-20所示，可见出生至转育成日增重平均为1 064克/天，中位数为1 043克/天，最大值为1 662克/天，最小值为563克/天。

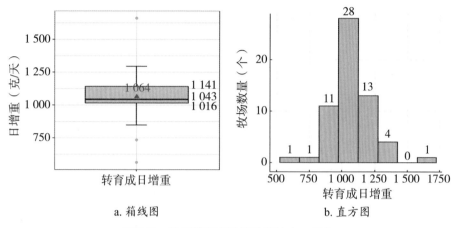

a. 箱线图　　　　　　b. 直方图

图7-20　牧场转育成日增重统计（*n*=59）

对有转参配体重登记的48个牧场进行统计，统计情况如图7-21所示，可见出生至转参配日增重平均为921克/天，中位数为924克/天，最大值为1 036克/天，最小值为766克/天。

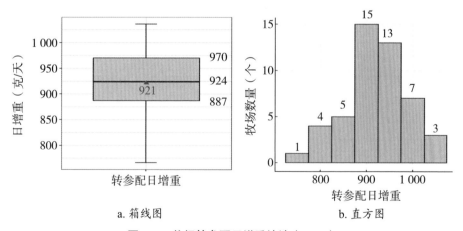

a. 箱线图　　　　　　b. 直方图

图7-21　牧场转参配日增重统计（*n*=48）

第八章 应用案例分析

本章为专题部分，主要针对某一具体生产环节或者版块进行具体分析和介绍。本年度主要有三个专题，分别是"不同月份奶牛繁殖、产奶性能表现""牧场后备牛发病次数与生长发育的关系"，以及"一牧生产指数简介与应用案例"。期望通过专题的具体深入分析或介绍，让牧场生产管理人员在分析牧场数据时有更好的思路。

第一节 不同月份奶牛繁殖、产奶性能表现

一、数据来源与筛选

（一）数据来源

繁殖关键指标（怀孕率、受胎率、配种率）、产奶关键指标（高峰奶量、日单产）均来自一牧云"牧场生产管理与服务支撑系统"月度关键指标，统计月度为2020年1—12月。

（二）数据筛选与算法说明

筛选成母牛和后备牛月度怀孕率范围（5%～60%），受胎率范围（10%～90%），配种率范围（10%～90%），产奶量

（10～120）千克/天，经产牛高峰泌乳天数（10～150）天，头胎牛高峰泌乳天数（10～200）天，在此基础上保证每个指标至少有6个月对应数据的牧场进行分析，得到18个省份201个牧场样本。

（三）21天怀孕率

Steve Eicker博士和Connor Jameson博士于20世纪80年代最早提出了21天怀孕率的概念，是目前评估牧场繁殖表现的关键指标。21天怀孕率定义为，应怀孕牛只在可怀孕的21天周期（发情周期）内最终怀孕的比例。本研究使用一牧云"牧场生产管理与服务支撑系统"计算公式见式（8-1）：

$$21天怀孕率（\%）= \frac{怀孕牛头数}{可参配情期数} \times 100 \quad （8\text{-}1）$$

注：月度怀孕率为截至当月月底之前两个情期的合计成母牛怀孕率。

（四）21天配种率（或称发情揭发率）

通常与21天怀孕率共同计算与呈现，其定义为：应配种牛只在可配种的21天周期（发情周期）内最终配种的比例。计算公式见式（8-2）：

$$21天配种率（\%）= \frac{配种头数}{可参配情期数} \times 100 \quad （8\text{-}2）$$

（五）受胎率

定义为：配种后已知孕检结果配种事件中怀孕的百分比。计算公式见式（8-3）：

$$成母牛受胎率（\%）=\frac{配种怀孕事件数}{配种事件总数（已知孕检结果）}\times100 \quad （8\text{-}3）$$

二、不同月份繁殖性能表现

（一）成母牛繁殖性能

由表8-1、图8-1可见，相较于1—4月和10—12月，5—6月成母牛受胎率与怀孕率开始下降（受胎率平均37.5%、怀孕率平均22.1%），7—8月明显下降（受胎率平均32.7%，怀孕率平均19.9%），9月受胎率、怀孕率仍较低。然而，配种率在5—9月期间基本没有下降，反而稍有提升。因此下面着重分析不同胎次和配次的受胎率在不同月份的情况。

表8-1　2020年各月份成母牛主要繁殖率平均值　　　（单位：%）

月份	成母牛怀孕率	成母牛受胎率	成母牛配种率
1	23.8	40.8	57.7
2	23.6	40.1	57.6
3	24.0	40.8	58.3
4	23.3	39.1	57.3
5	22.9	38.4	57.4
6	21.4	36.5	56.8
7	19.9	32.9	57.6
8	19.9	32.4	59.5
9	21.8	36.0	60.6
10	24.6	38.6	62.1
11	26.2	41.0	62.6
12	26.0	41.7	62.5

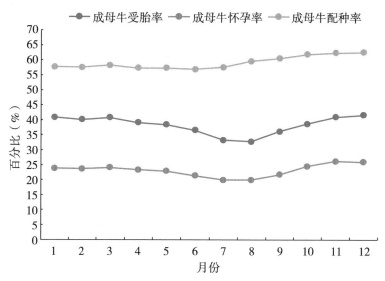

图8-1　2020年1—12月成母牛主要繁殖率平均值变化趋势

　　牛华锋等（2018年）研究表明，炎热月份（7—9月）较其他月份显著降低，成母牛发情期受胎率（降低了2.8个百分点），21天妊娠率（降低了2.4个百分点），郭刚等（2012年）研究，受胎率和21天妊娠率在7月左右达到最低点，1—5月变化不明显，9月开始回升，王景霖等（2018年）研究，8月的受胎率最低（38.3%），8月与7月、9月受胎率差异不显著，但显著低于其他月份，本研究结果与这三个研究结果相似，因此受胎率降低的主要原因可能是受夏季高温的影响。

　　母畜发情是由卵巢上卵泡发育所引起的、受下丘脑—垂体—卵巢轴调控的一种生殖生理现象。武明等（2011年）研究指出，调控卵巢活动的主要因素是来自下丘脑的促性腺激素释放激素（GnRH）与来自垂体前叶的促黄体素（LH）和促卵泡素（FSH）。Gilad等（1993年）研究表明，在夏季高温条件下，奶牛受到热应激，体内皮质类固醇激素分泌增多，而这类激素抑制

GnRH和LH的分泌。热应激的奶牛体内LH分泌脉冲振幅和分泌频率均有所下降，这使生长在低LH水平环境中的优势卵泡分泌雌激素减少，导致母牛不发情。

由表8-2、图8-2可以看出，各月份不同胎次受胎率折线图可看出，1胎牛和2胎、3胎及以上牛只在1—6月和10—12月相差不大（平均差值1.7～2.6个百分点），但在7—9月，2胎、3胎及以上牛只受胎率明显低于1胎（平均低4.3～5.1个百分点），且下降幅度也较大。

表8-2 2020年各月份成母牛不同胎次、配次配种受胎率　　　　（单位：%）

月份	1胎牛受胎率	2胎牛受胎率	3胎以上受胎率	第1次配种受胎率	第2次配种受胎率	3次以上配种受胎率
1	42.3	40.8	39.6	42.9	41.5	37.2
2	40.3	39.7	39.7	42.2	41.9	36.2
3	41.2	40.7	39.7	43.3	42.9	36.0
4	40.1	38.9	38.1	41.7	40.3	35.9
5	40.3	38.6	37.1	42.2	39.9	34.4
6	39.3	37.1	35.7	39.8	38.3	32.9
7	36.2	31.7	32.5	36.7	33.9	30.1
8	36.3	30.7	31.5	36.8	35.5	28.8
9	39.3	34.1	34.8	39.7	37.8	32.3
10	40.9	37.9	37.9	41.6	40.6	35.3
11	42.8	41.0	39.7	43.9	43.8	37.6
12	45.2	42.1	40.6	45.8	42.3	37.3

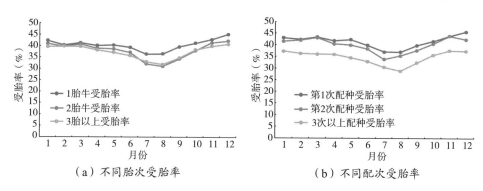

（a）不同胎次受胎率　　　　　（b）不同配次受胎率

图8-2　2020年1—12月成母牛不同胎次、配次配种受胎率变化趋势

胡明德等（2003年）和朱胜杰等（2015年）研究，初配牛（后备牛）的平均受胎率最高，其次是第1胎，胎次是影响受胎率的主要因素之一，随着奶牛胎次的增加，其受胎率逐步降低，且两个研究中7—8月配种月份奶牛受胎率最低。可见，夏季气温较高的地区，应重视头胎牛夏季配种，繁殖性能较差经产牛推迟配种，从而提高配种受胎率。

从各月份不同配次受胎率折线图可看出，第3次及以上配种受胎率明显低于第1次和第2次（平均低5.4～6.9个百分点），以5月为参考，第1次、第2次、第3次及以上配种受胎率降低幅度最大分别达5.5个百分点、6.1个百分点、5.7个百分点。

因此，重视产后首次配种，提高成母牛首次配种受胎率，避免配种次数2次及以上的牛只在气温较高的月份配种。

（二）不同地区成母牛21天怀孕率

对各月份牧场所在不同省份成母牛怀孕率进行统计，绘制怀孕率分布地图（图8-3），可以看出1—5月南北方牧场怀孕率均值基本在20%以上，但进入6月，部分地区（尤其南方）开始显现出怀孕率下降，7—9月地区牧场怀孕率低于20%或18%，仅少部分地区，如甘肃、宁夏、陕西仍保持在20%以上；10—12月各地区牧场怀孕率均值逐渐恢复正常，多数在20%以上。

1月

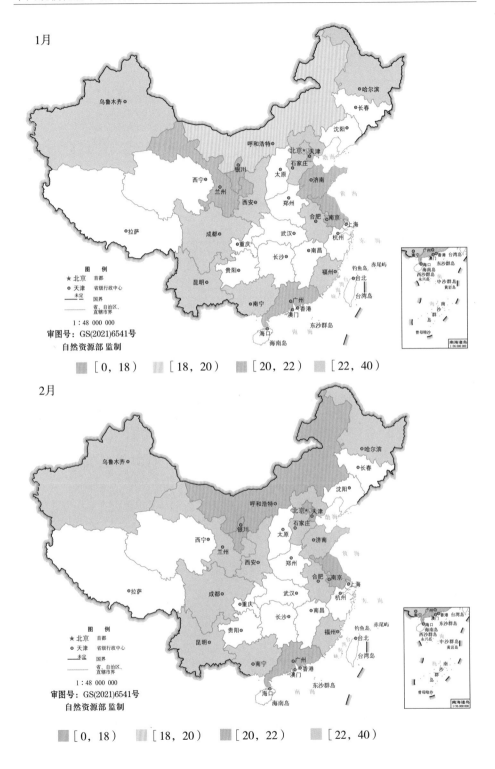

2月

3月

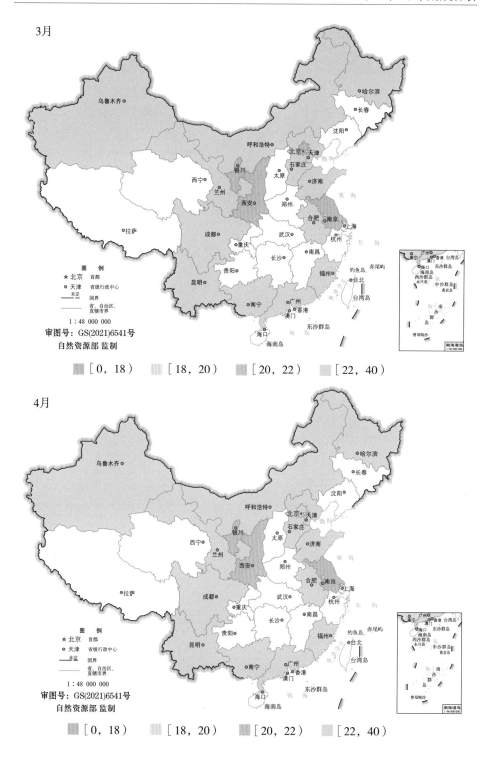

4月

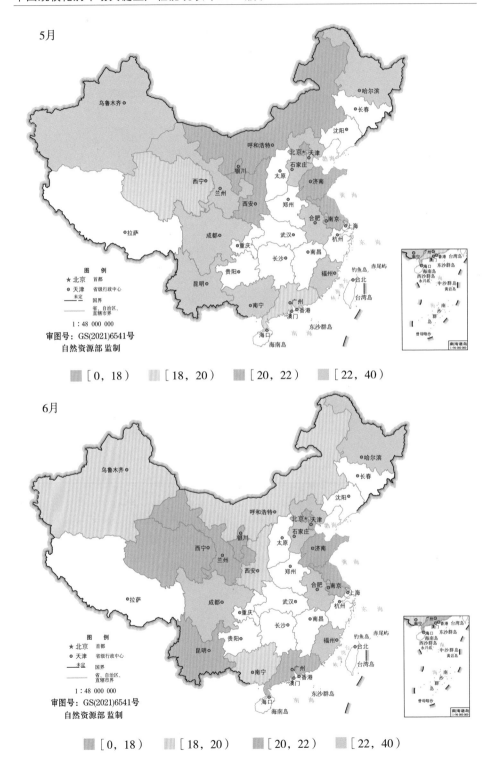

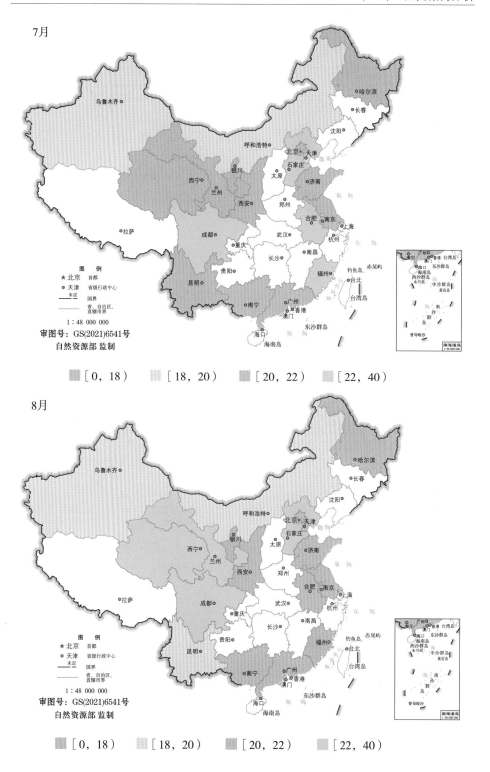

7月

[0, 18) [18, 20) [20, 22) [22, 40)

8月

[0, 18) [18, 20) [20, 22) [22, 40)

9月

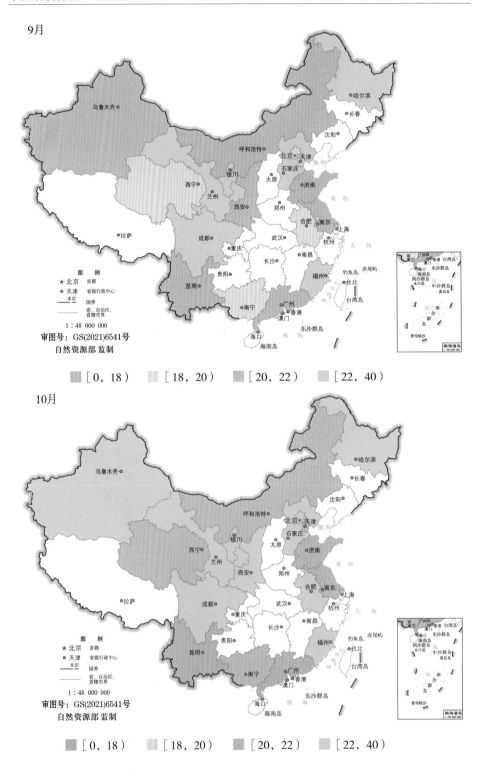

10月

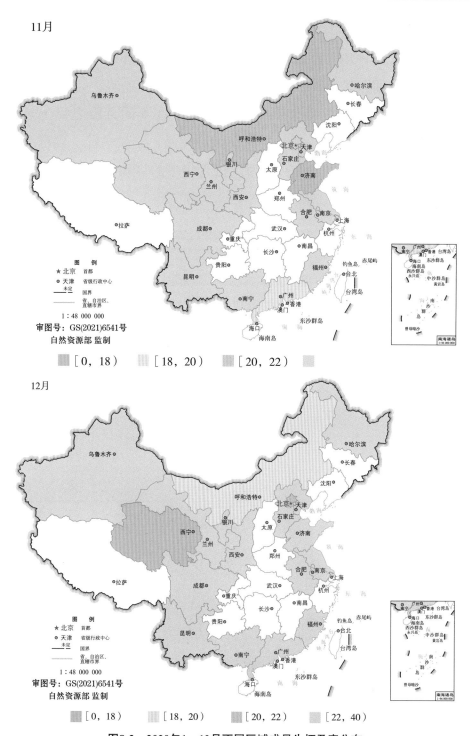

图8-3 2020年1—12月不同区域成母牛怀孕率分布

（三）后备牛繁殖性能

由表8-3和图8-4可以看出，1—12月后备牛怀孕率、受胎率相对稳定，即使夏季6—8月也未出现明显下降的趋势，这与牛华锋等（2018年）研究，青年牛的21天妊娠率在不同月份之间无显著差异的结果相似。但后备牛配种率相对较低，55%左右（成母牛配种率60%左右）。这一结果可为优化青年牛的繁殖计划、生产管理提供依据。

表8-3　2020年各月份后备牛主要繁殖率平均值　　　　　（单位：%）

月份	后备牛怀孕率	后备牛受胎率	后备牛配种率
1	27.2	54.0	50.2
2	29.7	54.6	53.6
3	31.3	55.7	54.1
4	31.2	54.0	54.2
5	29.4	54.6	53.3
6	29.3	53.8	54.3
7	29.3	54.3	52.3
8	29.9	53.1	52.8
9	29.4	52.4	53.1
10	28.4	52.6	51.4
11	29.7	53.4	53.6
12	32.1	54.3	55.6

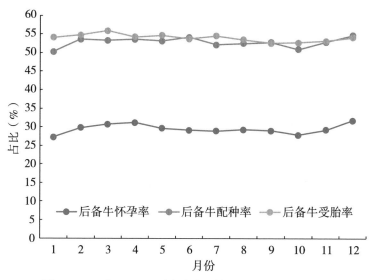

图8-4　2020年1—12月后备牛主要繁殖率平均值变化趋势

三、不同月份产奶性能表现

由表8-4、图8-5可见，1—12月泌乳牛、头胎牛、经产牛单产在6月之后呈现缓慢下降的趋势，下降幅度为0.5～0.9千克。泌乳牛、经产牛峰值产量也在6月之后呈现较明显的下降趋势，其中经产牛峰值产量在7—9月较6月下降幅度较大，下降约1.5千克，头胎牛7—9月较6月下降幅度较小，下降约0.3千克。

表8-4　2020年各月份群体峰值产量与日单产均值　　（单位：千克/天）

月份	泌乳牛峰值产量	经产牛峰值产量	头胎牛峰值产量	泌乳牛平均单产	经产牛平均产量	头胎牛平均产量
1	45.1	44.8	37.7	31.2	33.0	28.6
2	45.3	45.2	37.6	31.1	33.2	28.6
3	45.4	45.2	37.4	31.0	33.0	28.5
4	46.4	46.4	37.7	31.7	33.6	29.3
5	46.8	46.9	38.3	31.9	33.7	29.6

（续表）

月份	泌乳牛峰值产量	经产牛峰值产量	头胎牛峰值产量	泌乳牛平均单产	经产牛平均产量	头胎牛平均产量
6	47.3	47.0	38.5	32.1	33.8	29.7
7	46.7	46.4	38.7	32.0	33.5	29.8
8	45.5	45.3	38.1	31.7	33.1	29.5
9	45.3	44.8	38.0	31.6	33.1	29.3
10	41.5	44.6	38.2	31.4	32.7	29.1
11	41.5	44.6	37.8	31.2	32.6	28.8
12	45.6	44.9	37.9	30.9	32.4	28.6

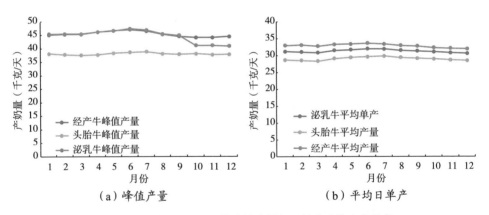

图8-5　2020年1—12月群体峰值产量与日单产均值变化趋势

Berman等（1985年）研究，荷斯坦奶牛舒适温度为0～20℃，当环境温度超过25℃或26℃时，就会产生热应激；Armstrong等（1994年）研究，当环境温湿度指数超过72时，奶牛出现轻度热应激。而夏季，多数地区白天环境温度多超过20℃，超过奶牛舒适温度范围。泌乳牛耐热性较差，高温条件下主要通过出汗和热性喘息调节体温。曲强主编《动物生理》书中（2007年）指出，热应激会使牛食欲不佳，反刍减少，消化机能明显降低，泌乳牛产乳量下降。

王建平等（2008年）研究，7—10月母牛产奶量较低，平均为25.16千克/天，9月时平均产奶量最低22.32千克/天，而当地最高气温的时间在7—8月；徐伟等（2014年）研究，山西运城地区一场9月群体测定日平均产奶量最低（7—8月温度最高）。王建平等（2008年）指出，热应激的危害有一定的滞后性，可能是在奶牛生理调节中，首先恢复体质，然后恢复产奶。

因此，牧场需要根据当地环境温度和牛舍内温度，做好防暑措施，在高温月份之前（环境温度≥25℃）提前进行降温，在高温月份过后也要保证牛舍内降温设施的正常运作。

四、建议

（一）做好防暑降温

有条件的牧场，可以在成母牛舍内安装温度监测设备与降温设备连接，设定预警阈值，如当环境温度≥20℃，自动开启风扇，当环境温度≥25℃，开启喷淋加风扇；如果温度监测和降温设备无连接，可以人为根据温度阈值，对风扇和喷淋设备进行开启、关闭操作，目标是降低牛舍内温度，减少奶牛热应激严重程度。

开放式牧场，可以在运动场搭建遮阳棚，或运动场周围种植树木，这样即使在夏季温度高，光照强的情况下，也可以保证奶牛在阴凉处避暑。此外，无论牛舍内还是运动场，需要保证水槽内不缺水，奶牛随时可以饮用。

（二）优化配种方案

温度较高月份，青年牛受热应激影响较小，牧场按照正常配种程序，可以进行配种。而成母牛配种受胎率随着胎次增加而降低，头胎牛在温度较高月份可以进行配种，2胎及以上牛只需要根据产后恢复情况，检查是否有繁殖疾病或繁殖功能障碍，如果奶牛状态表现良好，可进行配种，否则，建议在温度适宜的月份进行配种。

成母牛配种受胎率随配种次数增加而降低，但首次配种受胎率受高温影响相对2次及以上的较小，建议重视首次配种，提高成母牛受胎率，避免配种次数2次及以上的牛只在气温较高的月份配种。

此外，南方地区6—9月长期气温较高，建议成母牛避开高温月份配种，在温度适宜的月份集中配种。

（三）营养管理与饲养管理

这里建议参考高民等（2011年）在《热应激对奶牛生产的影响及应对策略》一文中的措施和方法。

1. 通过营养管理措施降低动物热应激反应

采取措施时应对以下9个方面予以特别关注：饲料采食量下降，热应激条件下营养需要量增加，日粮的热增耗和避免营养过量。

（1）尽可能选择高质量的粗饲料。

（2）在保持足量有效纤维的前提下（粗饲料或有效纤维提高到21%），降低日粮的纤维水平（ADF为14%～17%，NDF为23%～25%，NFC>25%）[①]，如使用一些副产物如大豆皮、甜菜渣等。

（3）日粮补加脂肪，水平控制在不超过日粮干物质的5%～5.5%。

---

① ADF为酸性洗涤纤维；NDF为中性洗涤纤维；NFC为非纤维性碳水化合物。

（4）选择高消化率饲料，从而降低热产生。

（5）平衡日粮蛋白质水平（低于18%，DIP[①]低于61%CP[②]，UIP[③]在36%~40%CP）以减少可溶性和可降解蛋白质水平，并改善日粮氨基酸平衡，使用尽量少量的赖氨酸、蛋氨酸、苏氨酸、精氨酸，因其分解作用过程中会产生较多的热。尽量使用碳水化合物和脂肪作为主要的能量源，避免动用蛋白质作为供能物质。

（6）添加缓冲剂（碳酸氢钠、氧化镁等）。

（7）增加日粮钾的水平，当温度超过30℃，每天每头牛日粮应包含0.11千克的食盐，以补偿钾在热应激时的损失。

（8）添加酵母或酵母培养物。

（9）充足的饮水。当温度由30℃升高到35℃时，饮水量由80L提高到121L。每千克乳脂水需要量为2~4千克。温度每提高1℃，饮水量增加1.2千克。首先，热应激时奶牛饮水量可以增加20%~50%，应保持清洁和新鲜饮水的充分供应；其次，保证足够的饮水空间，每头牛至少2~3英尺（1英尺约为0.30米）饮水空间。

2. 通过饲养管理措施降低奶牛热应激反应

采取以下措施。

（1）经常保持料槽中饲料新鲜和充足的供应，宜在挤奶后供给饲料。

（2）为保证奶牛随时可采食到饲料应频繁添加饲料。

（3）日粮混合均匀。

（4）保证全部奶牛同时采食到饲料。

（5）观察奶牛是否有挑料现象和拒食粗料现象，若是应加入

---

① DIP为降解食入蛋白质。

② CP为粗蛋白质。

③ 未降解食入蛋白质。

少量的水或糖蜜与饲料更好地结合在一起。

（6）调整饲喂时间以与奶牛行为相匹配，一般奶牛在夜晚凉爽情况下可以采食较多的饲料。

（7）增加饲喂次数，每日最少3次。

（8）使用TMR技术饲喂。

第二节　牧场后备牛发病次数与生长发育的关系

一、数据来源与筛选

数据来源于一牧云系统共163个牧场2020年1—12月出生母犊牛，匹配1—12月发病次数记录和各阶段称重数据。

（一）数据筛选

筛选条件：2020年1—12月有个体发病次数（即发病率不为0%）的牧场，初生重10～90千克，60～130日龄体重35～200千克，170～220日龄体重70～360千克，350～420日龄体重120～560千克，其中日增重筛选条件均为0.2～2千克/天，以剔除异常日增重。此外，因350～420日龄体重120～560千克因数据量较少暂未分析。用于60～130日龄、170～220日龄分析的牧场分别为157个、156个，数据量分别为56 081头、23 474头。

（二）个体发病次数与占比

对60日龄以内、60～179日龄犊牛发病次数与占比进行统计，结果如表8-5、表8-6所示。

表8-5　犊牛60日龄内不同发病次数的频数及占比

发病次数（次）	牛头数（头）	占比（%）
0	38 760	69.11
1	13 943	24.86
2	2 494	4.45
3	581	1.04
4	194	0.35
5	57	0.10
6	27	0.05
7	12	0.02
8	2	0.004
9	1	0.002
10	3	0.005
11	1	0.002
12	1	0.002
13	1	0.002
14	2	0.004
15	1	0.002
16	1	0.002
总计	56 081	100

表8-6　犊牛60~179日龄不同发病次数的频数及占比

发病次数（次）	牛头数（头）	占比（%）
0	20 120	86.37
1	2 830	11.59
2	423	1.65

（续表）

发病次数（次）	牛头数（头）	占比（%）
3	78	0.29
4	17	0.07
5	5	0.02
6	—	—
7	1	0.002
总计	23 474	100

（三）犊牛日增重计算公式

犊牛日增重计算公式如下［这里需要注意日增重=（某一阶段体重-初生重）÷日龄，不是每个称重阶段内日增重］

断奶日增重，计算公式见式（8-4）：

$$断奶日增重=\frac{称重时日龄在60\sim130天重量-初生重}{称重日期-出生日期} \quad （8\text{-}4）$$

转育成日增重，计算公式见式（8-5）：

$$转育成日增重=\frac{称重时日龄在170\sim220天重量-初生重}{称重日期-出生日期} \quad （8\text{-}5）$$

（四）统计模型

1. 60日龄内发病次数对断奶时生长发育影响

使用固定效应模型估计固定效应值：

$$Y_{ijk}=u+\alpha_i+\beta_j+X_1+X_2+e_{ijk} \quad （8\text{-}6）$$

式中Y_{ijk}为60～130日龄体重或日增重，u为群体平均值，α_i为出生月份，β_j为60日龄内发病次数固定效应，X_1为初生重协变量，X_2为称重时月龄协变量，e_{ijk}为随机误差，采用SAS 9.2 GLM过程进行求解。其中60日龄内发病次数，3个水平：0次、1次、2次及以上（因发病次数2次及以上数据较少，合并一组）；出生月份10个（2020年1—10月）。

2. 60日龄内、60～180日龄发病次数对转育成时生长发育影响

使用固定效应模型估计固定效应值：

$$Y_{ijkl}= u+\gamma_i+\delta_j+\theta_k+Z_1+Z_2+e_{ijkl} \tag{8-7}$$

式中，Y_{ijkl}为170～220日龄体重或日增重，u为群体平均值，γ_i为出生月份，δ_j为60日龄内发病次数固定效应，θ_k为60～180日龄内发病次数固定效应，Z_1为初生重协变量，Z_2为称重时月龄协变量，e_{ijkl}为随机误差，采用SAS 9.2 GLM过程进行求解。其中60日龄内发病次数，3个水平：0次、1次、2次及以上，60～180日龄内发病次数，2个水平：0次、1次及以上（因发病次数1次及以上占比较少，合并一组），出生月份8个（2020年1—8月）。注：因两个发病次数互作显著性$P>0.01$，因此为纳入模型中。

二、结果与分析

（一）不同发病次数对应后备牛生长发育情况

由表8-7可以看出，60日龄内未发病，发病1次，发病≥2次对应初生重分别为38千克、38.2千克、37.9千克，对应60～130日龄体重分别为104.5千克、104.1千克、95.8千克，对应60～130日龄日增重分别为0.87千克/天、0.85千克/天、0.79千克/天。

表8-7　60日龄不同发病次数对应犊牛体重、月龄平均值与标准差

发病次数	初生重（千克）	称重时月龄	60～130日龄体重（千克）	60～130日龄日增重（千克/天）	数据量（条）
0	38±4.58	2.5±0.35	104.5±15.44	0.87±0.14	38 760
1	38.2±4.71	2.55±0.34	104.1±15.99	0.85±0.15	13 943
≥2	37.9±5.23	2.42±0.35	95.8±16.75	0.79±0.18	3 378
总计	38.1±4.66	2.51±0.35	103.8±15.79	0.86±0.15	56 081

宋桂敏等（1999年）研究，中国荷斯坦牛初生重平均为40.23千克，2月龄、3月龄、4月龄体重分别为70.58千克、90.49千克和100.71千克，日增重分别为632克/天、663克/天、340克/天。满都胡等（2010年）研究，进口荷斯坦母牛与配国内公牛冻精，后代犊牛初生重43～50千克，2～3月龄体重93～110千克，日增重690～974克/天，可见，随着牧场犊牛饲养管理的重视与改进，国内犊牛0～3月龄日增重有了明显提升。

由表8-8可以看出，60日龄内未发病、发病1次、发病≥2次对应初生重分别为38.1千克、38.2千克、37.9千克，对应170～220日龄体重分别为226.8千克、225.1千克、220.9千克，对应170～220日龄日增重分别为1.01千克/天、0.99千克/天、0.98千克/天。60～180日龄内未发病、发病≥1次对应初生重分别为38.1千克、38.0千克，对应170～220日龄体重分别为227.7千克、217.4千克，对应170～220日龄日增重分别为1.01千克/天、0.96千克/天。

表8-8　不同发病次数对应转育成牛体重、月龄平均值与标准差

发病次数		初生重（千克）	称重时月龄	170～220日龄体重（千克）	170～220日龄日增重（千克/天）	数据量（条）
60日龄内发病次数	0	38.1±4.49	6.16±0.31	226.8±23.9	1.01±0.12	16 879
	1	38.2±4.44	6.19±0.32	225.1±24.7	0.99±0.13	5 906
	≥2	37.9±4.78	6.18±0.32	220.9±28.24	0.98±0.14	689
	总计	38.1±4.49	6.17±0.32	226.2±24.27	1.00±0.12	23 474
60～180日龄内发病次数	0	38.1±4.49	6.17±0.32	227.7±23.76	1.01±0.12	20 120
	≥1	38.0±4.49	6.17±0.32	217.4±25.38	0.96±0.13	3 354
	总计	38.1±4.49	6.17±0.32	226.2±24.27	1.00±0.12	23 474

李文等（2007年）研究，西安牧场初生重37.59千克，6月龄、7月龄体重分别为168.68千克、188.82千克，0～6月龄日增重为887克，6～7月龄为670克；北京牧场初生重为40.2千克，6～7月龄体重分别为142.9千克、163.4千克，0～6月龄日增重为617克，6～7月龄为681.7克。满都胡等（2010年）研究，进口荷斯坦母牛与配国内公牛冻精，后代犊牛初生重43～50千克，6月龄体重153～201千克，日增重610～840克/天，可见，随着牧场犊牛饲养管理的重视与改进，出生至转育成犊牛日增重也明显提高。

（二）不同发病次数对应后备牛生长发育情况的影响

1.60日龄内不同发病次数对断奶前后生长发育的影响

利用模型Ⅰ分析不同发病次数、出生月份之间断奶时称重体重和日增重的差异。其中，两个因素都显著影响断奶时体重和日增重（$P<0.000\ 1$），各因素不同水平的均值结果见表8-9。

表8-9 60日龄内发病次数和出生月份对断奶前后生长发育的影响

因素	水平	60～130日龄体重（千克）	60～130日龄日增重（千克/天）	数据量（条）
发病次数	0	104.5A	0.87A	38 760
	1	104.1A	0.85B	13 943
	≥2	95.8C	0.79C	3 378
出生月份	1	113.8A	0.90A	4 627
	2	112.0B	0.90A	3 924
	3	110.3C	0.90A	4 110
	4	106.5D	0.90A	4 397
	5	102.9E	0.87B	4 844
	6	102.3E	0.85C	5 429
	7	101.0F	0.85C	7 172
	8	99.9G	0.84D	7 171
	9	101.1F	0.84D	6 940
	10	99.1H	0.84D	7 467
协变量	初生重	0.903**	−0.001 76**	—
	称重时月龄	27.2**	0.015 5**	—

注：同一因素同列数据肩标不同大写字母表示差异极显著（$P<0.01$），相同大写字母表示差异未达极显著（$P>0.01$），协变量中线性回归系数后**表示极显著（$P<0.01$）。下表同。

由表8-9可知，60日龄内发病次数≥2次犊牛60～130日龄体重（95.8千克）极显著低于未发病和发病次数为1次犊牛（104.5千克和104.1千克），约低9千克；3个发病次数分组间犊牛60～130日龄日增重均极显著，且发病次数≥2次犊牛日增重最低0.79千克/天，低于0.8千克/天，而另两组日增重分别为0.87千克/天、0.85千克/天；不同出生月份犊牛之间60～130日龄体重均呈现极显著差异

（除5月和6月、7月和9月之间差异不显著），1—4月出生犊牛日增重极显著高于其他月份。

经协方差检验分析，初生重和称重时月龄对称重时体重、日增重的影响极显著，其中初生重和称重时月龄均与称重时体重呈正相关，初生重与称重时体重的线性回归系数估计值为0.903，即出生时体重增加1千克，称重时体重增加0.903千克；称重时月龄与称重时体重的线性回归系数估计值为27.2，即称重时月龄增加1个月，称重时体重增加27.2千克。

初生重与称重时日增重呈负相关，初生重与称重时日增重的线性回归系数估计值为-0.001 76，即出生时体重增加1千克，称重时日增重减少0.001 76千克/天；称重时月龄与称重时日增重呈正相关，称重时月龄与称重时日增重的线性回归系数估计值为0.015 5，即60~130日龄内称重时月龄增加1个月，称重时日增重增加0.015 5千克/天。

佟桂芝等（2016年）研究，试验组犊牛人工哺乳方式培育，对照组犊牛传统方式（自然哺乳）培育，都在3月龄断奶。对照组犊牛腹泻频率、发病频率均高于试验组犊牛，并且饲养到第90天时，试验组犊牛与对照组犊牛体重（90.11千克比79.44千克）、日增重（659.44克/天比549.33克/天）差异显著。犊牛饲养到第180天时，试验组犊牛体重显著高于对照组犊牛的（140.38千克比126.73千克），日增重（609克/天比532.61克/天）。可见，发病频率较高的犊牛，体重、日增重均低于健康状态好的犊牛，而要达到健康犊牛同样的体重，将花费更长的时间。

2. 60日龄内、60~180日龄内不同发病次数对转育成时生长发育的影响

利用模型Ⅱ分析60日龄内不同发病次数、60~180日龄内不同

发病次数、出生月份之间转育成时称重体重和日增重的差异。其中，3个因素都显著影响断奶时体重和日增重（$P<0.0001$），各因素不同水平的均值结果见表8-10。

表8-10　60日龄内、60~180日龄发病次数和出生月份对转育成牛时生长发育的影响

因素	水平	170~220日龄体重（千克）	170~220日龄日增重（千克/天）	数据量（条）
60日龄内发病次数	0	226.8A	1.01A	16 879
	1	225.1A	0.99B	5 906
	≥2	220.9C	0.98C	689
60~180日龄内发病次数	0	227.7A	1.01A	20 120
	≥1	217.4B	0.96B	3 354
出生月份	1	235.8A	1.04A	3 374
	2	234.9A	1.05A	2 827
	3	231.9B	1.03B	3 118
	4	229.5C	1.03B	3 039
	5	226.3D	1.01C	2 971
	6	220.7E	0.97D	3 452
	7	213.7F	0.94E	4 125
	8	200.7G	0.92F	568
协变量	初生重	1.106**	0.000 585**	—
	称重时月龄	18.2**	−0.064 6**	—

由表8-10可知，60日龄内发病次数≥2次转育成170~220日龄体重（220.9千克）极显著低于未发病和发病次数为1次犊牛（226.8千克和225.1千克），低4~6千克，3个发病次数分组间犊牛170~220日龄日增重均两两差异极显著，且60日龄内发病次数≥2次和发病1次犊牛日增重最低0.98千克/天、0.99千克/天，低

于1千克/天，而未发病犊牛日增重为1.01千克/天。

60～180日龄内发病次数≥1次转育成170～220日龄体重（217.4千克）极显著低于未发病组（227.7千克），约低10千克，60～180日龄内发病次数≥1次转育成日增重0.96千克/天，低于1千克/天，而未发病组为1.01千克/天。

Arthur等（1998）研究结果，根据各疾病处理所需平均时间腹泻（3.76天）、败血症（5.72天）、肺炎（5.63天），预测达到180天体重时，犊牛患有这三种疾病任一种会导致体重相较于未患病牛低9.1千克、4.8千克和10.6千克，而要达到健康犊牛的体重，患败血症和肺炎牛只需要多花费为13～15天。这与本研究60日龄内发病次数≥2次或60～180日龄发病次数≥1次的牛只，转育成时体重较未发病低6～10千克相近。因此，发病次数越多，治疗所需处理时间越多，最终导致犊牛生长发育减缓。

不同出生月份犊牛之间170～220日龄体重均呈现极显著差异（除1月和2月之间差异不显著），1—2月出生犊牛日增重极显著高于其他月份。

经协方差检验分析，初生重和称重时月龄对170～220日龄称重时体重、日增重的影响极显著，其中初生重和称重时月龄均与称重时体重呈正相关，初生重与称重时体重的线性回归系数估计值为1.106，即出生体重增加1千克，称重时体重增加1.106千克；称重时月龄与称重时体重的线性回归系数估计值为18.2，即称重时月龄增加1个月，称重时体重增加18.2千克。

初生重与称重时日增重呈正相关，初生重与称重时日增重的线性回归系数估计值为0.000 585，即出生时体重增加1千克，称重时日增重增加0.000 585千克/天；称重时月龄与称重时日增重呈负相关，称重时月龄与称重时日增重的线性回归系数估计值为-0.064 6，即170～220日龄内，称重时月龄增加1个月，称重时日增重降低0.064 6千克/天。

三、建议

（一）断奶前后饲养管理

李文等（2007年）研究，后备牛各项体尺和体重的生长强度随着年龄的增长而逐渐下降。但不同时期又有着不同的生长强度，以0～6月龄为最大，因此应加强此阶段的饲养管理，对其日粮组成一定采用营养价值高，适口性好的饲料，以免影响犊牛的生长发育。

李文等（2007年）研究，断奶初期的日粮组成应注意质量，一定要采取少而精的原则，因为此时犊牛消化器官发育还不完善，对粗纤维的消化能力还较弱，但应尽早训练犊牛采食粗饲料，促进瘤胃的发育，提高其对粗饲料的采食消化能力。断奶后，应考虑到饲料的全价性，所喂饲料要尽量满足牛体的生长发育需要，坚持按饲养标准进行饲料的调制和饲喂。

此外，王洋等（2014年）研究，由于犊牛自身免疫力比较低下，饲养管理者在此阶段应考虑到各种疾病对犊牛的威胁而提前采取适当预防手段，坚持按照饲养标准对其进行饲养管理。

具体饲养管理方法可参考2018年国标《后备奶牛饲养技术规范》（GB/T 37116—2018）。在断奶期间达到日增重0.7～1.0千克/天，腹泻、肺炎发病率分别低于15%、10%。断奶至6月龄期间达到日增重0.75～1.0千克/天，腹泻、肺炎发病率分别低于10%、2%。

（二）育成牛饲养管理

李文等（2007年）研究，6～11月龄，生长强度虽不及6月龄前强烈，但此阶段是牛只获得健壮体质和发达消化器官的重要环节，对此阶段的饲养管理一样不能忽视。原则上即不能过量饲喂，也不能营养不足。

王洋等（2014年）研究，牛的生长规律一般是骨—肉—膘。育成阶段的后备牛正处于肌肉和骨骼发育最快的时期，所以，应合理地制订日粮来满足其生长发育上的需要。犊牛在断奶后，胃的功能逐渐完善，瘤胃已经相当发育，瘤胃容积扩大1倍左右，其内的微生物大量增加，非蛋白氮更好地被吸收，育成牛能够更好地提高对粗饲料的利用率，因此，此阶段饲喂给育成牛的营养物质需要有一定的容积，这样才能更好地促进瘤胃的发育。育成牛阶段的消化器官、性腺的发育已接近成熟，又无妊娠、产乳负担只喂优质青贮料就能满足需要，青贮料差时可补给精料，并需注意矿物质和食盐的补充。

饲养管理方法可参考国标《后备奶牛饲养技术规范》（GB/T 37116—2018）。育成期间日增重达到0.75～0.85千克/天，腹泻、肺炎发病率分别低于2%、1%，在育成牛首次配种前应满足月龄13～15月龄，体重≥360千克；体高≥127厘米；胸围≥168厘米（表8-11）。

表8-11 后备牛饲养管理的相关指标汇总

阶段	日增重（千克/天）	成活率（%）	腹泻发病率（%）	肺炎发病率（%）	生长发育
2日龄至断奶	0.7～1.0	≥97	<15	<10	—
断奶至6月龄	0.75～1.00	≥98	<10	<2	体重达初生重2倍以上；体高增长10厘米以上；断奶时间为6～8周龄；未达到要求，可延迟1～3周断奶

（续表）

阶段	日增重 （千克/天）	成活率 （%）	腹泻发病 率（%）	肺炎发病 率（%）	生长发育
育成牛7月龄 至首次配种前	0.75～0.85	死亡率 <1	<2	<1	体重≥360千克； 体高≥127厘米； 胸围≥168厘米； 首配要求13～15月龄

注：参考国标《后备奶牛饲养技术规范》，2018年。

第三节　一牧生产指数简介与应用案例

一、一牧生产指数简介

一牧生产指数是牧场在一牧云数据库中综合数据表现的客观呈现，可用于预测牧场生产水平的可持续能力及潜在短板。该指数根据数据记录和各个关键生产性能指标（KPIs）按照不同权重计算得出，能够相对客观和直观反映牧场运营管理水平，间接反映牧场盈利能力。

（一）统计类别与各维度内事件、指标

一牧生产指数利用累计近12个月的数据，从三大类别数据进行统计，包括数据录入及时性、关键生产性能指标（KPIs）、数据质量，涉及牧场中6个维度，牛群结构、繁殖、健康、产奶、犊牛、饲喂。主要统计事件或指标如表8-12、表8-13和表8-14所示。

表8-12 涉及数据录入及时性的相关事件

维度	事件名称
牛群结构	转群
繁殖	产犊、配种、初检、复检、禁配、干奶、进围产、流产、子宫鉴定、同期处理
产奶	奶罐录入、奶厅录入、DHI批量导入、乳头评分
健康（成母牛）	产后瘫痪、蹄病、子宫炎、乳房炎、胎衣不下、酮病、腹泻、真胃移位、死亡、淘汰、外科疾病、乳房疾病、消化病、呼吸疾病、传染病、生殖系统疾病、肺炎、其他病）、免疫、修蹄、隐乳检测、盲乳头、免疫检疫、细菌培养、产后护理、血酮监测、步态评分、尿液pH
犊牛（后备牛）	疾病、死亡、淘汰、断奶、去角、去副乳、免疫球蛋白、初乳收集、初乳灌服
饲喂	拌料与投料误差率、牛舍采食量、体况评分，称体重

表8-13 涉及数据质量的相关条件

维度	数据质量
牛群结构	未孕干奶牛，配次9次以上未孕成母牛，产后天数>720天成母牛，24月龄以上未孕青年牛，配次6次以上未孕青年牛
繁殖	成母牛85天仍未配种，配后60天以上未孕检，青年牛16月龄仍未配种，产后天数400天以上未孕牛，怀孕300天以上，怀孕90天以上流产次数≥2次
产奶	校正产量<4 000千克的牛只
健康（经产牛）	乳房炎次数6次以上牛只，未修蹄150天以上牛只，发病30天以上未治愈牛只，当胎次蹄病发病次数≥3次
犊牛（后备牛）	60日龄内犊牛腹泻发病次数≥3，60日龄内犊牛肺炎发病次数≥3，180日龄内发病次数≥6次
饲喂	近1个月拌料误差率≥10%，近1个月投料误差率≥10%

表8-14 关键生产性能指标（KPIs）

维度	KPIs
牛群结构	成母牛占比，后备牛占比，成母牛怀孕牛比例，成母牛平均泌乳天数，泌乳天数
繁殖	成母牛怀孕率，成母牛配种率，成母牛受胎率，成母牛150天未孕比例，成母牛平均空怀天数，产犊间隔，后备牛21天怀孕率，后备牛配种率，后备牛受胎率，17月未孕比例，后备牛平均首配日龄，后备牛平均受孕日龄
产奶	平均305天成年当量，泌乳牛平均单产，头胎牛平均产量，经产牛平均产量，头胎高峰DIM，经产牛高峰DIM，头胎牛峰值产量，经产牛峰值产量，奶罐单产泌乳牛，奶罐单产成母牛，奶厅单产泌乳牛，奶厅单产成母牛
健康（经产牛）	成母牛蹄病发病率，成母牛真胃移位发病率，成母牛产后瘫痪发病率，成母牛胎衣不下发病率，成母牛酮病发病率，成母牛子宫炎发病率，成母牛平均干奶天数，成母牛死淘率，成母牛死亡率，成母牛淘汰率，成母牛乳房炎发病率，后备牛死亡率，后备牛淘汰率，后备牛死淘率，成母牛流产率（全），泌乳牛乳房炎发病率，产后60天死淘率，产后60天死亡率，产后60天淘汰率，青年牛流产率（全），上胎围产天数
犊牛（后备牛）	60日龄死亡率，犊牛腹泻发病率，犊牛肺炎发病率，60日龄淘汰率，接产成活率，头胎牛死胎率，经产牛死胎率，60日龄死淘率，死胎率，180日龄死淘率，180日龄死亡率，180日龄淘汰率
饲喂	剩料率，平均日增重，拌料误差，投料误差，平均干物质采食量，成母牛干物质采食量，泌乳牛干物质采食量

（二）不同维度、类别占比情况

牛群结构、繁殖、健康、产奶、犊牛、饲喂按生产管理中重要性分配权重，分别为15%、30%、15%、15%、10%、15%。六大维度占比及维度内3个类别占比如图8-6所示。

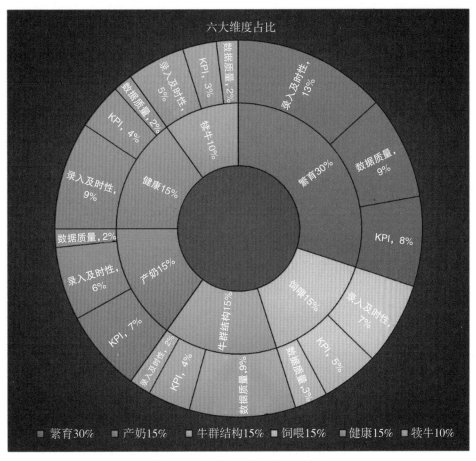

图8-6 六大维度及维度内类别占比

数据录入及时性、KPIs、数据质量占总分比例分别为42%、31%、27%。3个类别占比如图8-7所示。

（三）总分、星级和六大维度分值

根据所有事件、指标对应原始分数加和得到一牧生产指数总分，目前为994分[①]，根据不同分数段划分为5个星级，分别为1星级：[0，300），2星级：[300，500），3星级：[500，700），4星

[①] 总分994分根据所有事件、指标对应原始分数加和得到，因此可能会随事件和指标数增减有所变化。

级：[700，900），5星级：[900，1000）。

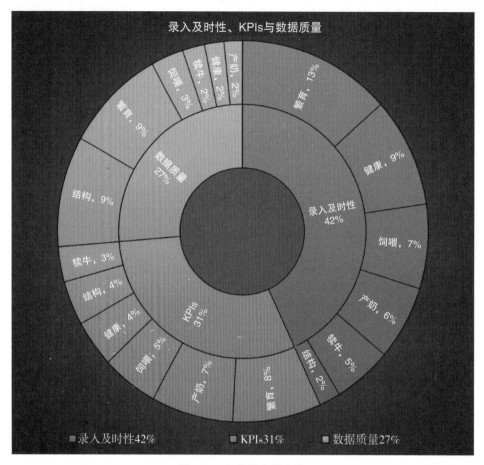

图8-7　3个类别分值占比

牛群结构、繁殖、健康、产奶、犊牛、饲喂分值分别为149.1、298.2、149.1、149.1、99.4、149.1。

二、数据来源

307个牧场截至2021年1月更新的一牧生产指数数据，一共6个维度，包括牛群结构、繁殖、健康、产奶、犊牛、饲喂，每个维度内均有3个类别（包括数据录入及时性、KPIs、数据质量），累计近12个月的数据。剔除已停用和测试牧场40个，剩余267个用于统计分析。

三、结果与分析

根据各牧场总分所属星级进行统计，生产指数总分结果如图8-8所示。

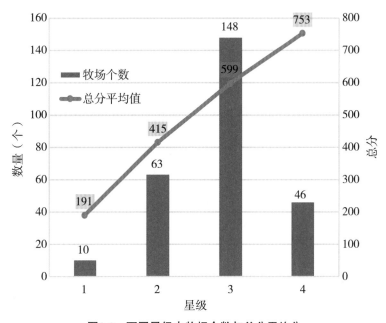

图8-8　不同星级内牧场个数与总分平均分

由图8-8可以看出，多数牧场处于3星级（148/267），平均分599；其次是2星级牧场占比较多，平均分为415；4星级牧场有46个，平均分753分；1星级牧场有10个，平均分191。

根据各牧场六大维度不同分数段进行统计，各维度分值分布情况绘制分布直方图，结果如图8-9所示。

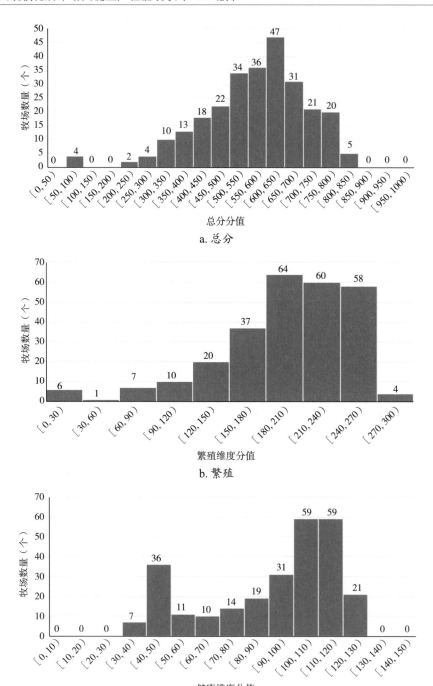

a. 总分

b. 繁殖

c. 健康

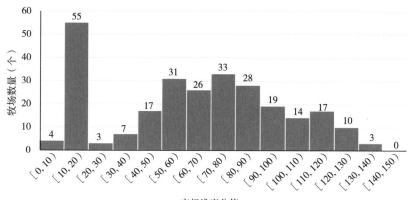

产奶维度分值

d. 产奶

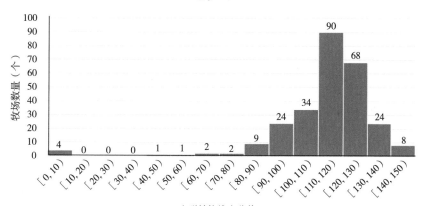

牛群结构维度分值

e. 牛群结构

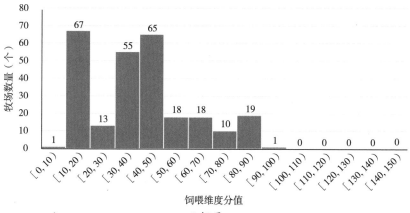

饲喂维度分值

f. 饲喂

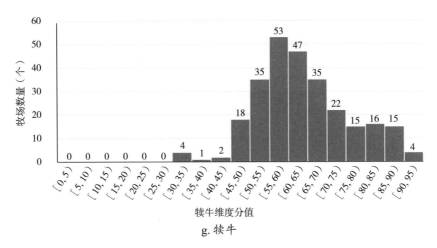

g. 犊牛

图8-9 不同维度评分分布直方图

由图8-9可以看出，总分分布近似正态分布，多数牧场集中在600～650分，300分以下牧场有10个，无850分以上牧场。繁殖维度多数牧场集中在180分以上，其中有4个牧场达到270分以上，120分以下牧场有24个；健康维度多数牧场集中在100～120分，无130分以上牧场，90分以下牧场数偏多97个；产奶维度多数牧场集中在60～90分，130分以上牧场3个，90分以下牧场数偏多204个；牛群结构维度多数牧场集中在110～130分，130分以上牧场32个，90分以下牧场数19个；饲喂维度牧场分值均相对较低，普遍集中在10～50分，无130分以上牧场；犊牛维度多数牧场集中在55～65分，90分以上牧场4个，45分以下牧场数7个。

对各牧场六大维度进行统计汇总，总分及六大维度分布情况如图8-10所示。

综合表现方面，超过50%的牧场均高于585，50%的牧场集中分布于486～673，平均值为567，中位数为585，最大值为828，最小值为94。

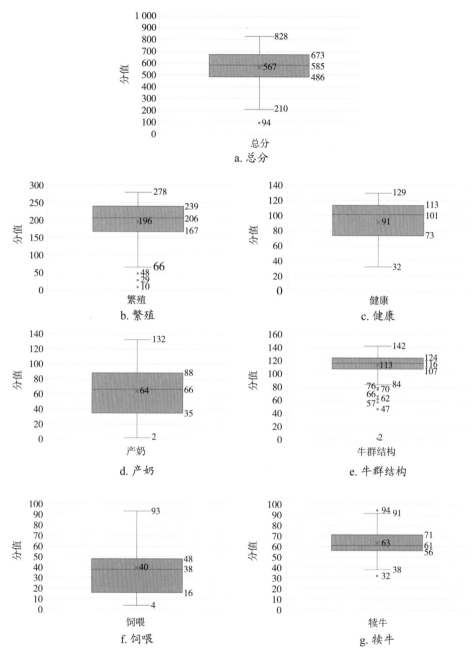

图8-10　总分及六大维度分布箱形图

　　繁殖表现超过50%的牧场均高于206，50%的牧场集中分布于167～239，平均值为196，中位数为206，最大值为278，最小值为10。

健康表现方面，超过50%的牧场均高于101，50%的牧场集中分布于73～113，平均值为91，中位数为101，最大值为129，最小值为32。

产奶表现方面，超过50%的牧场均高于66，50%的牧场集中分布于35～88，平均值为64，中位数为66，最大值为132，最小值为2。

牛群结构表现方面，超过50%的牧场均高于116，50%的牧场集中分布于107～124，平均值为113，中位数为116，最大值为142，最小值为2。

饲喂表现方面，超过50%的牧场均高于38，50%的牧场集中分布于16～48，平均值为40，中位数为38，最大值为93，最小值为4。

犊牛表现方面，超过50%的牧场均高于61，50%的牧场集中分布于56～71，平均值为63，中位数为61，最大值为94，最小值为32。

核查总分和六大维度指标分值最低分的原因是这些低分的牧场在系统中暂无数据，但因为部分指标值越低越好，因此有一定得分。这里需对可进入分析前的牧场进行筛选，以确保可分析数据的有效性。

此外，一牧生产指数目前主要导向是牧场数据录入及时性、完整性和准确性，也就是实际生产中最基础的数据管理，如牛群结构维度，转群及时性，部分异常牛只处理与否；繁育维度产犊、配种、妊检的录入；健康维度发病（死淘）事件录入的完整性；产奶维度测产数据，奶罐数据等录入与否；饲喂维度，拌料、投料误差率，牛只采食量，剩料率。如果牧场某一维度数据在系统内未录入，录入不及时，均会影响到牧场实际得分情况，但牧场开始重视相关数据的录入和异常牛只的处理，相应的维度得分就会在下一个月指数更新时有所增加，呈现出动态变化。当牧场有了较为完整、准确的数据后，再通过数据分析，同期对比往年指标，或与行业标准对比，就能更精准地找到问题缘由或制定更高的目标。

下面通过一个示例牧场对一牧生产指数进行详细解读。

四、牧场应用举例

一牧生产指数报告如下。

登录一牧云DBI系统后，进入【数据报告】—【一牧生产指数报告】，查看具体的报告详情。

由图8-11、图8-12可见，示例牧场总分为778分，超过一牧云系统内96%的牧场，并且该牧场处于4星级的位置，综合表现优异，但距离最高分828的牧场，还有一定差距。下面从6个维度具体分析需要提升的方面。

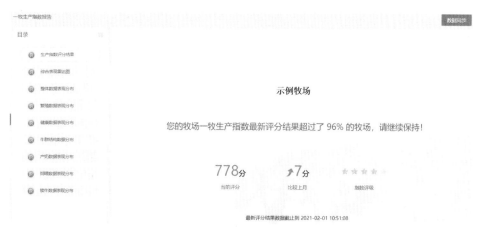

图8-11 一牧生产指数评分结果

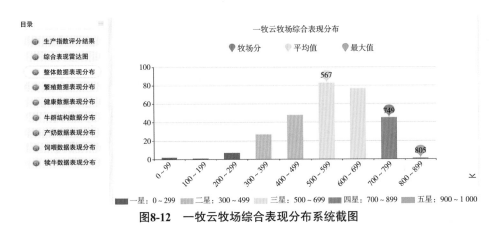

图8-12　一牧云牧场综合表现分布系统截图

由图8-13可以看出，示例牧场繁殖表现261分（满分299），产奶表现111分（满分149），牛群结构表现135分（满分149），健康表现115分（满分149），饲喂表现65分（满分149），犊牛表现91分（满分99）。

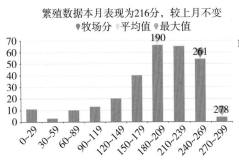

a. 繁殖数据表现分布

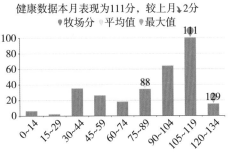

b. 健康数据表现分布

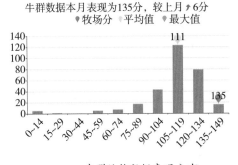

c. 牛群结构数据表现分布

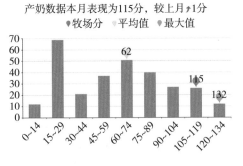

d. 产奶数据表现分布

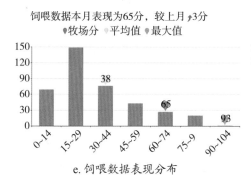

饲喂数据本月表现为65分，较上月↗3分
犊牛数据本月表现为91分，较上月↘1分

e. 饲喂数据表现分布　　　　f. 犊牛数据表现分布

图8-13　一牧云牧场各维度数据表现分布

（注：图中纵坐标为牧场数量，横坐标为分数区域）

　　结合雷达图8-14，可以看出该牧场在，繁殖、犊牛、牛群结构方面（均占满分87%以上）表现较好；产奶、饲喂、健康方面有待进一步提升，具体分析3个待提升维度内的3个类别，健康、饲喂维度中KPI得分较低，其中健康方面，后备牛淘汰率、成母牛乳房炎发病率、成母牛胎衣不下发病率、成母牛子宫炎发病率较高，饲喂方面，拌料误差率较高，剩料量、采食量数据缺失；产奶、饲喂维度中录入及时性有待提升，健康数据内异常数据较多，主要是成母牛85天仍未配种、产后天数400天以上未孕牛、150天以上未修蹄牛只占比较高。

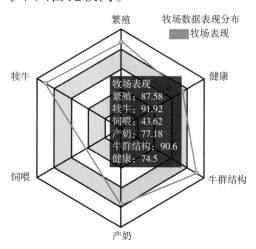

图8-14　一牧云牧场六大维度表现雷达图

五、总结

一牧生产指数主要包含的六大维度，通过对涵盖几乎所有牧场生产关注要点的数据进行建模、分配权重、汇总、统计、相对客观的计算得到一牧生产指数，间接反映牧场盈利能力，一牧生产指数会在每月的第2天进行更新，客观地反馈出牧场生产数据的综合表现情况及盈利水平的提升，持续关注后，辅助牧场管理者利用数据准确快速找到现有的短板，打开牧场生产管理中的一个个黑匣子。

参考文献

高民，杜瑞平，温雅丽，2011.热应激对奶牛生产的影响及应对策略[J].畜牧与饲料科学（9）：59-62.

郭刚，李锡智，张振山，等，2012.北京地区荷斯坦牛21天妊娠率规律分析[J].中国奶牛（5）：49-50.

胡明德，杨葆春，刘永福，2003.胎次和配种月份对荷斯坦奶牛受胎率影响的研究[J].黑龙江畜牧兽医（3）：16-17.

李文，刘小林，文利侠，等，2007.中国荷斯坦后备奶牛生长发育规律的研究[J].畜牧兽医杂志，26（5）：19-21，24.

刘玉芝，李敏，李德林，等，2009.正确解读和应用DHI数据，提高牛群科学管理水平[C]//中国奶业协会年会论文集2009（上册）.

刘仲奎，2013.规模化牧场泌乳奶牛群生产效益的五个评价体系[J].今日畜牧兽医：奶牛（5）：54-57.

满都胡，2010.后备母牛生长发育的调查研究[D].呼和浩特：内蒙古农业大学.

牛华锋，侯文乾，徐明，等，2018.不同月份对内蒙古地区规模化牧场奶牛繁殖性能的影响[J].中国奶牛（1）：23-26.

曲强，2007.动物生理[M].北京：中国农业大学出版社.

宋桂敏，张学炜，马文芝，等，1999.中国荷斯坦后备牛生长发育状况分析[J].中国奶牛（4）：20-22.

佟桂芝，宋斌，殷溪瀚，等，2016.培育方式对和牛犊牛健康及生长发育的影响[J].中国畜牧兽医，43（8）：2026-2031.

王建平，王加启，卜登攀，等，2008.上海地区季节变化对奶牛产奶性能影响的研究[J].中国畜牧兽医，35（8）：70-73.

王景霖，董飞，马志愤，等，2018.不同季节及气候区对奶牛繁殖效率的影响[J].中国奶牛（12）：18-23.

王洋，曲永利，2014.后备奶牛不同生长发育阶段营养需要的研究进展[J].黑龙江八一农垦大学学报（1）：40-45.

武明，王宪龙，李锡智，等，2011.北京地区季节变化对奶牛发情和受胎的影响[J].中国畜牧杂志，47（13）：75-78.

徐伟，张利斌，韩萌，等，2014.山西省夏季奶牛热应激程度及奶损失调查[J].黑龙江畜牧兽医（上半月）（10）：10-14.

中华人民共和国农业农村部，2018.后备奶牛饲养技术规范：GB/T 37116—2018[S].北京：中国标准出版社.

朱胜杰，孙祯保，2015.季节·胎次与年单产水平对荷斯坦牛受胎率的影响[J].安徽农业科学（26）：148-150.

ARTHUR D A G，IAN R DOHOOB，DAVID M M，et al.，1998. Calf and disease factors affecting growth in female holstein calves in Florida，USA[J]. Preventive Veterinary Medicine，33（1-4）：1-10.

ARMSTRONG D V，1994. Heat stress interaction with shade and cooling[J]. Journal of Dairy Science（77）：2044-2050.

BERMAN A，FOLMAN Y，KAIM M，et al.，1985. Upper critical temperatures and forced ventilation effects for high-yielding dairy cows in a subtropical climate[J]. Journal of Dairy Science（68）：1488-1495.

GILAD E，MEIDAN R，BERMAN A，et al.，1993. Effect of heat stress on tonic and GnRH-induced gonadotrophin secretion in relation to concentration of oestradiol in plasma of cyclic cows[J]. Journal of Reproduction and Fertility，99（2）：315-321.

附录

箱线图说明

箱线图也称箱须图、箱形图、盒图，用于反映一组或多组连续型定量数据分布的中心位置和散布范围。箱形图包含数学统计量，不仅能够分析不同类别数据各层次水平差异，还能揭示数据间离散程度、异常值、分布差异等等。

箱线图可以用来反映一组或多组连续型定量数据分布的中心位置和散布范围，因形状如箱子而得名。1977年，美国著名数学家John W Tukey首先在他的著作*Exploratory Data Analysis*中介绍了箱形图。

在箱线图中，箱子的中间有一条线，代表了数据的中位数。箱子的上下底，分别是数据的上四分位数（Q3）和下四分位数（Q1），这意味着箱体包含了50%的数据。因此，箱子的高度在一定程度上反映了数据的波动程度。上下边缘则代表了该组数据的最大值和最小值。有时候箱子外部会有一些点，可以理解为数据中的"异常值"。

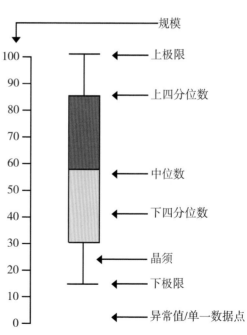

四分位数

一组数据按照从小到大顺序排列后，把该组数据四等分的数，称为四分位数。第一四分位数（Q1）、第二四分位数（Q2，也叫"中位数"）和第三四分位数（Q3）分别等于该样本中所有数值由小到大排列后第25%、第50%和第75%的数字。第三四分位数与第一四分位数的差距又称四分位距（interquartile range，IQR）。

偏态

与正态分布相对，指的是非对称分布的偏斜状态。在统计学上，众数和平均数之差可作为分配偏态的指标之一：如平均数大于众数，称为正偏态（或右偏态）；相反，则称为负偏态（或左偏态）。

箱线图包含的元素虽然有点复杂，但也正因为如此，它拥有许多独特的功能。

1. 直观明了地识别数据批中的异常值

箱形图可以用来观察数据整体的分布情况，利用中位数、25%分位数、75%分位数、上边界、下边界等统计量来描述数据的整体分布情况。通过计算这些统计量，生成一个箱体图，箱体包含了大部分的正常数据，而在箱体上边界和下边界之外的，就是异常数据。

2. 判断数据的偏态和尾重

对于标准正态分布的大样本，中位数位于上下四分位数的中央，箱形图的方盒关于中位线对称。中位数越偏离上下四分位数的中心位置，分布偏态性越强。异常值集中在较大值一侧，则分布呈现右偏态；异常值集中在较小值一侧，则分布呈现左偏态。

3. 比较多批数据的形状

箱子的上下限，分别是数据的上四分位数和下四分位数。这意味着箱子包含了50%的数据。因此，箱子的宽度在一定程度上反映了数据的波动程度。箱体越扁说明数据越集中，端线（也就是"须"）越短说明数据越集中。凭借着这些"独门绝技"，箱线图在使用场景上也很不一般，最常见的是用于质量管理、人事测评、探索性数据分析等统计分析活动。

致　谢

　　谨此向所有支持和关心一牧云发展的客户、行业领导、顾问和合作伙伴及相关人士表示衷心的感谢！今天一牧云所取得的成绩是我们共同努力的成果，没有你们的大力支持也就没有这本《中国规模化奶牛场关键生产性能现状（2021版）》的成功出版。

《中国规模化奶牛场关键生产性能现状》编委会

2021年5月